室内观赏植物图鉴 ②

INDOOR ORNAMETAL PLANTS

章锦瑜 ◎ 著

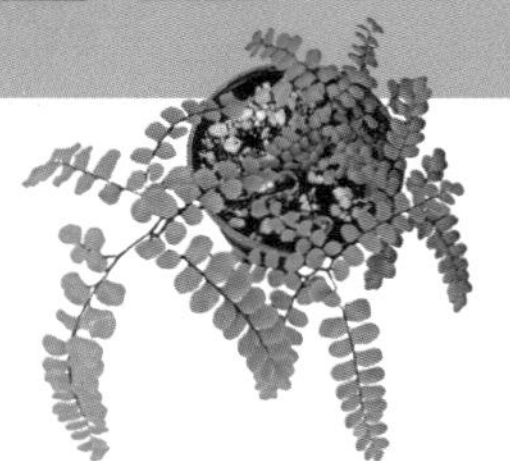

海峡出版发行集团 | 福建科学技术出版社
THE STRAITS PUBLISHING & DISTRIBUTING GROUP | FUJIAN SCIENCE & TECHNOLOGY PUBLISHING HOUSE

图书在版编目（CIP）数据

室内观赏植物图鉴 . 2 / 章锦瑜著 . —福州：福建科学技术出版社，2015.11（2019.4 重印）
ISBN 978-7-5335-4841-4

Ⅰ . ①室… Ⅱ . ①章… Ⅲ . ①观赏植物－观赏园艺－图解 Ⅳ . ① S68-64

中国版本图书馆 CIP 数据核字 (2015) 第 205917 号

书　　名　室内观赏植物图鉴②
著　　者　章锦瑜
出版发行　海峡出版发行集团
　　　　　福建科学技术出版社
社　　址　福州市东水路 76 号（邮编 350001）
网　　址　www.fjstp.com
经　　销　福建新华发行（集团）有限责任公司
印　　刷　天津画中画印刷有限公司
开　　本　889 毫米 ×1194 毫米　1/32
印　　张　12
图　　文　384 码
版　　次　2015 年 11 月第 1 版
印　　次　2019 年 4 月第 2 次印刷
书　　号　ISBN 978-7-5335-4841-4
定　　价　68.00 元

【自序】

我的人生已经早过半百，不久也将届龄退休，离开我非常热爱的教书工作，进入东海大学任教不知不觉就晃过了30多年。当个老师，曾是我小时候的愿望，在出这本书要写序时，还必须感谢带我进入景观植物领域的曹正老师，也是曹老师让我的人生梦想愿景得以实现。曹老师肯定是我人生的大贵人，聘我来东海大学景观系任教。那时我是才从台湾大学园艺研究所造园组毕业2年的硕士菜鸟，对于观赏植物不怎么熟悉，曹老师这位当代规划大师，竟也规划了我人生最关键的时段，要我担任植物方面的一系列课程，我就这么跳了进去，不知不觉地在观赏植物的领域闯下了一片小小的天地。曹老师，谢谢您！

我的植物书总喜欢配些插画，但找到合乎我水准的植物插画高手，却是何等不易，所以常常需等待机缘来到才能出书，这本书的插画作者张世旻，大学所学乃建筑，并非植物相关，大学毕业后，转来就读东海大学景观研究所，看到他细致精美的植物插画，让我如获至宝，世旻也借着完成这本书的插画，对植物的花叶细微精致之处更掌握其精髓。

这本书制作过程，正值举办2010台北国际花博，我有幸担任专业顾问，新生公园的台北典藏植物园新一代未来馆，成为此书搜集室内植物与拍照的目标之一，经常北上未来馆赏植物并拍照。其中特别值得一提的是秋海棠科，于未来馆温带植物区的秋海棠品种展示，乃彭镜毅教授所提供，常从春天陆续欣赏到冬天，不错过每一种秋海棠花朵的绽放。另外的焦点植物区，亦是我常去拍照之处，乃“辜严倬云植物保种中心”，这个中心为保育全球热带与亚热带植物，永续地球上丰富的生物多样性尽了一份力。

章锦瑜
于东海大学景观学系

如何使用本书

本书共收录570种室内观赏植物，包括凤梨科、鸭跖草科、苦苣苔科、百合科、竹芋科、桑科、胡椒科、荨麻科、姜科共9科，以及蕨类植物门（从石松科开始）21科蕨类植物。以学术分类排序，并以详细的文字，配合去背景图片、插图及表格说明，方便读者认识及辨识各种室内景观植物。

科属介绍栏

列出该科或该属植物的基本特性、适合生长环境、栽种要诀、照顾方法及需注意的病虫害等资讯。

侧边检索栏

详列该植物的科别，方便检索。

中文名称栏

列出最常见的中文名称，方便读者查询。

主图

以去背景主图，突显植物花果枝叶等辨识重点，以及形态特征。

凤梨科

Guzmania

*Guzmania*属凤梨，陆生或附生者均有，原生长地为热带美洲，哥斯达黎加、巴拿马、哥伦比亚、厄瓜多尔、墨西哥等地。体型属于中至大型，株高40~100厘米。叶片多带状，每株叶片为数颇多，簇生于短缩茎上，仿如自根际发出。叶片硬挺、革质，叶面平滑无茸毛，全缘无刺。总花梗多无分歧，单支自叶群中央直挺而出，圆锥、穗状或群聚似头状之花序。具有明显、大型、色泽鲜艳持久的美丽总苞，观赏期长达半年之久。小花由总苞中钻出，小花瓣合生成管状，子房上位，蒴果。

可放置户外中度光照环境养护，室内宜位于明亮窗口旁，生长开花较理想，且苞片或花序之色彩较鲜丽。盆土稍润湿即可，养护重点是叶杯不可缺水，生长旺季每月施稀薄液肥一次。繁殖法可用播种、分株或母株旁新萌生的小植株分株之。

►各花色之擎天凤梨

紫擎天凤梨

学名：*Guzmania* 'Amaranth'

株高60~90厘米，叶长50厘米、宽3~4厘米。

►总苞紫红色

橙擎天凤梨

学名：*Guzmania* 'Cherry'

▲株高70~90厘米，线形绿色叶片长约60厘米、宽约4厘米

▲小花藏于苞片腋基内

►总苞片橙红色，苞片愈近叶群则渐转绿色

046

类似植物比较栏

详列类似植物辨识差异，并佐以图片显示，方便辨识。

手绘繁殖栏

以拟真手绘图，详细介绍植物的繁殖技巧与步骤。

项目	白纹草	吊兰
小白花	绽放于细而直立的花穗上	着生于走茎
叶片	叶片短而宽，纸质，较薄软，叶长多20厘米以下、宽1~2厘米	细长，长20~30厘米、宽1~2厘米，革质硬挺
地下部	密生白色短胖的地下块根	肉质粗根末端肥大
品种	品种较少	种类多，有中斑吊兰、吊兰及镶边吊兰
耐寒性	耐寒性较差，冬季于室温15℃以下生长不良，叶片萎黄掉落，进入休眠	耐寒性较佳，南方平地室内越冬几乎不会落叶
繁殖法	分株	除分株外，用走茎的小吊株容易繁殖
走茎	无	具走茎，走茎前端着生子株

▶白纹草

◀吊兰

1 将母株自盆钵移出

2 自根部将植株分成两部分

黄歧花凤梨

学名：*Guzmania dissitiflora*

叶长30~90厘米、宽3~6厘米，叶面具细致的纵走白色斑条，叶背有鳞片状斑点。穗状花序直立，抽生甚长，各自分离的管状小花，自红色总花梗上斜生或平出。

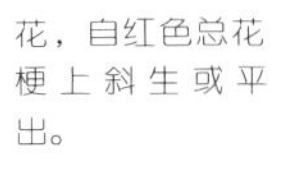

▶小苞片红色，花萼黄色

◀叶深绿色

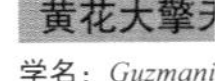

学名：*Guzmani*

英名：Hilda Br

株高45~6

花梗长60厘米

▶苞片鲜黄色，基部及前端常带绿色

▼叶线形，深绿色

紫花小擎天凤梨

学名：*Guzmania* 'Ilse'

短穗状花序，小花黄色，苞片紫红色，其花序较紫擎天凤梨短。

047

资讯栏

详列该植物的学名、英名、别名及原产地，方便查询。

主文

详列该植物的基本特性、适合生长环境、栽种要诀、照顾方法及需注意的病虫害等资讯。

目　录

苦苣苔科Gesneriaceae 108

凤梨科

Bromeliaceae

凤梨科（Pineapple family）植物数量庞大，多分布于热带至暖温带，中、南美洲雨林区，以及多岩礁的海岸林带，常附生于树木、礁石或林层下。除地生型外，有些甚至演化成附生植物。

在明亮、温暖的生长环境中，观赏凤梨将展现出美丽的一面。其颇耐干旱，照顾尚容易。除观叶外，不少具观花、观果性，观赏期甚至长达数月之久。凤梨具“旺来”喻意，因此成为南方年节花市的宠儿。

凤梨具有肉质、坚实硬挺的单叶，簇生于短缩茎上，叶面直立或曲垂，叶缘常具锐刺。植株长大后，由叶丛中央抽穗开花，圆锥、穗状花序，或群成头状。依生态习性可分为地生型、积水型以及空气型。地生型的根系发育较好，但无法由叶杯截留及保存水分；包括：*Ananas, Cryptanthus, Orthophytum, Dyckia, Hechtia, Pitcairnia*等属。

◀观赏凤梨布景方式多样化

▶赏花凤梨之硕大、色彩缤纷、造型各异的花序

凤梨科积水型的植株于其簇生叶群的中央生长点处，会自然形成凹槽，称为叶杯，用来积存水、养分，于干旱期间提供生长所需；根常固着于树上，包括：*Aechmea, Billbergia, Neoregelia, Nidularium, Guzmania, Vrisea*等属。空气型则有*Tillandsia*属。

观赏凤梨具挺拔的株型，观叶性则由其叶面斑纹、斑点或镶边等展现亮丽叶色，观花性凤梨多由其总苞、小花、萼片及苞片的型、色、质地来展现其美丽花序。花后结的浆果亦常因量多、色美、型殊而具观果价值。

有些观赏凤梨开花后，母株即死亡，但在母株根际四周会自然分蘖，产生许多吸芽。待长得够大、方便处理时，即可连短缩茎一起剥离母株，种植于盛装蛇木屑的浅盘上栽培，注意供水，生长良好后即成为一独立植株，此分株法繁殖很容易。另外亦可利用果实顶端的冠芽或播种来繁殖。

▶鳞蕊蜻蜓凤梨“欧洛克”（× *Androlaechmea*‘O'Rourke’）叶片挺直，叶基泛红晕彩

观赏凤梨利用果实顶端的冠芽繁殖

1 切除茎顶之冠芽

2 种植于混入蛇木屑的基质

3 冠芽发根长成一新植株

观赏凤梨采用分株繁殖

1 将植株带土移出盆钵

2 连同短缩茎一起剥离母株

3 种植于混入蛇木屑的盆钵，注意供水

4 单植为一独立植株

栽培注意事项

观赏凤梨叶片多肉质厚实，相当耐干旱，也常被视为多肉植物。但其生长所需水分非贮存于叶肉，而是叶杯内。根系除固持、吸附之功能外，吸水功能却非必需。因此无根或根群受损，只要叶杯内有水，生长就不受影响，因此浇水以及施加液肥的对象是叶杯，叶杯内无水时，须及时补充水分，但在蒸发缓慢季节，就无须给水太多，以免发臭腐烂。

栽培基质质地宜疏松、多孔质，须通气、排水良好，如粗河砂、蛇木屑、细碎瓦片、煤渣、腐熟树皮及稻壳等，与土壤混合使用，多施加有机厩肥，更有利于生长。生长期间可定期（每2星期1次）施用稀薄的化学完全肥料以补肥之。

为了促进开花，可利用乙炔饱和水溶液倒入植株叶群中央的叶杯内，而后产生乙烯气体，只要株体够大，数周后即可开花。病虫害不多，唯须注意介壳虫及蓟马，在发生早期用肥皂水喷洒亦具防治效果。

观赏凤梨浇水

◀供水时，除土壤须湿润外，叶杯亦须浇水

▶叶杯内的水，可供植物生长所需

Acanthostachys

松球凤梨

学名： *Acanthostachys strobilacea*

原产地：巴西、巴拉圭、阿根廷

全株披白色细小鳞片，株高90~100厘米，绿色茎，但与叶连接处呈微红色。叶线形、深绿色，长可达1厘米，无叶柄，老叶干枯后宿留基部。穗状花序，管状花亮黄色、萼片红色。全日照植物，最低限温-6.6℃。

◀叶缘红色锯齿状

◀穗状花序形似松树的球果

Aechmea

多为附生或地生，主要分布于南美巴西、秘鲁、委内瑞拉、墨西哥至哥伦比亚、苏里南、圭亚那、西印度群岛等。叶莲座状丛生，长30~60厘米，革质，叶缘锯齿或具刺。具多样叶形及叶色，可种于室内观赏。花色多种，红、黄、蓝、紫皆有，花梗自植株中央长出。

安德森蜻蜓凤梨

学名： *Aechmea andersonii*

叶绿色，具浅灰色横向条纹。花紫色、苞片红色。

极黑蜻蜓凤梨

学名：*Aechmea* sp.‘Black on black’

叶自基部环状丛生，株高40厘米、幅径30厘米。叶片直出线形、深绿至浓紫黑色。穗状花序，花梗红色，萼片深红色，小花黄色。需明亮的散色光，侧芽可用来分株繁殖。

艳红苞凤梨

学名：*Aechmea bracteata*

别名：红苞蜻蜓凤梨

大型的观赏凤梨，株高可达1.5米。叶片披针形，长90厘米、宽10~15厘米；叶缘具明显突出大棘刺。直立花梗颇长，圆锥花序基部着生大型鲜红色的苞片，颇具观赏性，花黄绿色。浆果成熟由绿转黑，观果性高。

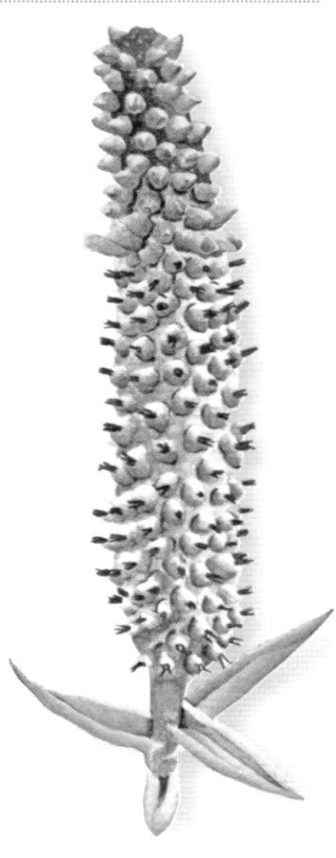

横纹蜻蜓凤梨

学名：*Aechmea*‘blanchetiana’

叶长带形、青绿色，叶缘细锯齿。粉红色花梗自中央抽出。

▼叶具白色横条斑纹

▼花苞白色

凤梨科

凤梨叶蜻蜓凤梨

学名：*Aechmea bromeliifolia*

植株之叶片环状丛生，株高超过50厘米。叶片直立、亮绿色，宽10厘米，叶缘具黑褐色细锯齿。花梗银白色，由下而上循序绽放鲜黄色小花。至少需半日照，土壤排水需良好，生长旺季约2天浇1次水，需保持叶杯呈积水状态。

长红苞凤梨

学名：*Aechmea bromeliifolia* 'Rubra Form'

叶片环状排列，植株直立，叶缘锯齿细小。穗状花序，小花黄色，由下而上绽放。花后结浆果，由黄转黑。

▶浆果黑色

▼生长多年呈群聚丛生状

▶长型红色苞片包覆于花梗上

◀叶长椭圆形、深绿色，偶带红色晕彩

黑檀木蜻蜓凤梨

学名： *Aechmea chantinii* ‘Ebony’

叶片直出、长带状，叶灰绿色、具深绿横纹，叶缘锯齿细小深色。粉色花梗，小花黄色、花苞绿色。

▼橄榄绿叶面、横向分布银灰色斑条

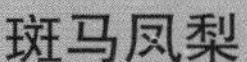

斑马凤梨

学名： *Aechmea chantinii*

英名： Amazonian zebra plant

中型观叶、观花性凤梨，观赏期长，一株约簇生10片叶。叶线形、挺立斜伸，叶长30~40厘米、宽5~8厘米，叶背似披白粉。叶端钝圆有短突尖，叶缘细刺直出。复穗状花序，整体呈立体角锥状，有数个分支，花梗基部有大型橙红色披针形苞片，衬托着数串分歧的穗状花序，每一小花序呈扁平状，其上叠生着黄萼、红苞的小花。

▼叶面具黄色斑点

粉苞蜻蜓凤梨

学名： *Aechimia* ‘Crossbands’

叶面翠绿色、叶背灰绿色。穗状花序，花梗灰白，小花黄色；浆果成熟由黄转黑色。

▶萼片大、粉红色

蜻蜓星果凤梨

学名： *Aechmea eurycorymbus × Portea petropolitana* var. *extensa*

叶片线形、青绿色，花梗白色，圆锥花序，花苞粉、花紫红色。

蜻蜓凤梨

学名： *Aechmea fasciata*

英名： Silver vase, Urn plant

别名： 粉波罗凤梨、银斑蜻蜓凤梨

中型植株，宽线型叶片群簇密聚。叶长40~60厘米、宽5~7厘米，叶缘密生深色细刺，叶端钝圆有短突尖。复穗状花序集生成圆锥球状，苞片披针形、缘布细刺，观花期达数月之久，观赏性颇高。

▶红、粉色苞片密生

▼花球间绽放着朵朵蓝紫色的小花，此后会转为红色

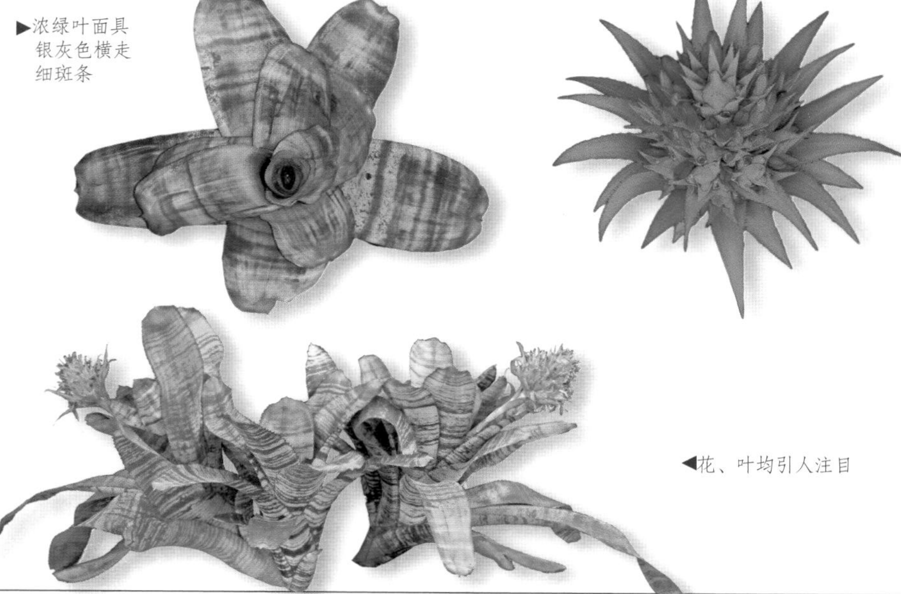

▶浓绿叶面具银灰色横走细斑条

◀花、叶均引人注目

垂花蜻蜓凤梨

学名： *Aechmea fendleri*

株高90厘米、冠幅50~100厘米，圆锥花序，花期夏季。喜弱酸性基质，排水需良好，喜明亮的散射光，忌强光直射，最低生长限温-7℃。

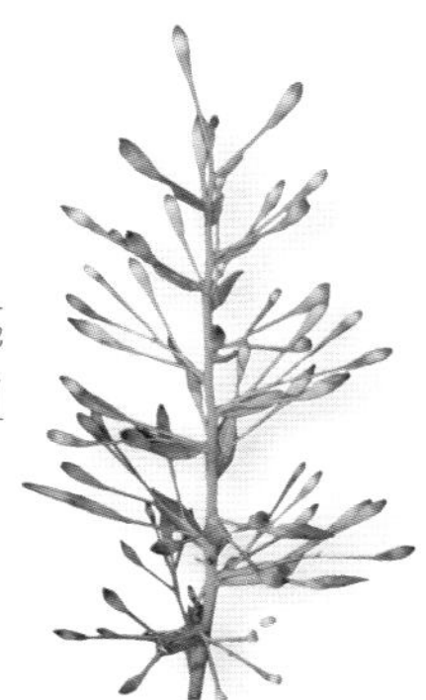

▶小花粉紫色

▶叶青绿色、长椭圆形

佛德瑞凤梨

学名： *Aechmea* ‘Frederike’

叶近长带形，叶端短突尖。圆锥花序，萼片粉红色，花紫色。

珊瑚凤梨

学名： *Aechmea fulgens*

英名： Coral berry

叶长带状，绿色，长30~40厘米、宽5~6厘米。圆锥花序，花梗红色。浆果椭圆形。

▶浆果红色，小花紫色

▼叶面具灰色斑纹、叶背银白色

▶红艳的珊瑚色大型花序

红花蜻蜓凤梨

学名： *Aechmea fulgens* var. *discolor*

英名： Coral berry

别名： 紫背珊瑚凤梨

叶长50厘米、宽5厘米，叶面灰绿至暗橄榄绿，似披有白粉般，叶背泛紫色，叶缘细锯齿。每小浆果顶端有宿存的青色小花，观赏期可达2个月。

◀卵形、红色浆果

▲叶两面均具细致的横斑条

▶复穗状花序自植株中央抽出

绿叶珊瑚凤梨

学名： *Aechmea fulgens* var. *fulgens*

叶面具浅色横斑条，近植株中心处披红色晕彩，叶背银白色。花红色，苞片红色。

▶叶青绿色，软革质

▶浆果红色

紫串花凤梨

学名：*Aechmea gamosepala*

别名：瓶刷凤梨

每植株有15~20片叶。穗状花序，小花冠筒长约1.5厘米；萼片亦为筒状，连生于基部，长约0.75厘米。

►萼片粉红色，花冠蓝紫色

►线形叶，缘几乎无刺

蜻蜓凤梨金色旋律

学名：*Aechmea* 'Gold Tone'

叶披针形，面青绿、具深绿色不规则斑纹，背浅绿、具紫黑色不规则斑纹，叶缘黄绿、具黑色锯齿。

叶下折凤梨

学名：*Aechmea melinonii*

株高25厘米、冠幅15~20厘米。叶长10厘米、宽4厘米，叶片易下折。

◄露出之叶杯会滋生水生昆虫

►叶青绿色，软质

墨西哥蜻蜓凤梨

学名：*Aechmea mexicana*

株高1米、幅宽1~2米。叶片中央青绿色。穗状花序，花梗白色，小花紫红色，浆果白色。喜充足的散射光，土壤排水需良好。

黄边蜻蜓凤梨

学名：*Aechmea nudicaulis* var. *albomarginata*

叶深绿、叶缘黄色，叶缘锯齿黑色。穗状花序，花梗红色，萼片红色。

▲叶缘黄绿、带红色锯齿

银叶蜻蜓凤梨

学名：*Aechmea nudicaulis* 'Parati'

叶长椭圆形，革质，叶面橄榄绿色，叶背泛棕红色，叶缘黑色锯齿。穗状花序，花梗红色。

▼苞片橙红色，小花黄色

▶叶两面皆具浅灰色斑条

粉彩白边蜻蜓凤梨

学名：*Aechmea orlandiana* 'ensign'

株高30~40厘米、幅径25~30厘米。叶面青绿色，横布不规则的深绿色斑纹，叶缘白色，锯齿粉红色，色彩缤纷。圆锥花序，花梗红色、粗短，长度约与叶片齐高，萼片红色，小花白色。基质选用排水良好的土壤，可耐低温，生长缓慢。

◀全叶布粉红色斑点

紫红心斑点凤梨

学名：*Aechmea* 'Pectiata'

叶翠绿色，宽披针形，新叶色带紫红、布黑色斑点，老叶较不具斑点。

鼓槌凤梨

学名：*Aechmea pineliana* var. *minuta*

株高15~30厘米，全株披白色鳞片。叶片青绿、布深绿斑点，叶缘黑色锯齿。小花橙红色，萼片灰绿色，边缘具黑色锯齿，浆果白色。喜充足的散射光，耐低温。

▶穗状花序，形似鼓槌

多彩斑纹蜻蜓凤梨

学名：*Aechmea* 'Rainbow × Snowflake'

叶面青绿色、虎纹较不明显。穗状花序，花梗橙红色，苞片红色，披白色鳞片，小花黄色，色彩丰富。

◀叶背具深绿色虎纹

多歧蜻蜓凤梨

学名： *Aechmea ramose*

英名： Coral berry

株高40厘米、幅宽60厘米。叶长线形，薄革质。圆锥花序自叶丛中央抽出，花梗橙红色，小花紫色。浆果红色。花期6~8月。需充足的散射光，适合平地气温，生长缓慢。

斑叶青天凤梨

学名： *Aechmea tillandsioides* 'Marginata'

叶长40厘米、宽2.5厘米，叶缘细锯齿。直立性花穗，花瓣黄色。浆果先白后转蓝色。

►叶面绿，叶缘黄色

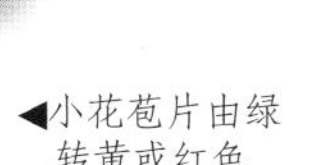
◀小花苞片由绿转黄或红色

斑马蜻蜓凤梨

学名： *Aechmea zebrine*

植株直立。叶片带状，叶面绿色，叶背具灰白色与深绿色间隔的斑马纹。

长穗凤梨

学名：*Aechmea tillandsioides* var. *amazonas*

原生于雨林中的附生性、大型观赏凤梨，叶缘有刺。直出的复穗状花序，总花梗基部有披针形、血红色的大型总苞片，分支数颇多，小花彼此间整齐有序地密集排列着生。

▼线形叶面中央细凹弧状

▶小花苞片血粉色、端缘红色

Alcantarea

原产地多位于巴西，本属凤梨多称为帝王凤梨，可能因体型硕大之故，高大花梗也颇惊人。

帝王凤梨

学名：*Alcantarea imperialis*

冠幅可达1.5米，花梗高达4米。叶互生，长100~ 150厘米、15厘米宽，全缘，基部鞘状，雨水沿叶面流入由叶鞘形成的叶杯中。叶面深绿色，具灰绿色细条纹，叶背泛红，叶端红。圆锥花序，顶生，花红色。喜中性至弱碱性土壤，可耐干旱。

绿积水凤梨

学名： *Alcantarea imperialis* 'Green'

株高2米，莲座状植株，全株披白色鳞片。红色穗状花梗高达2.5米，小花白色，喜充足的散射光。

▲叶翠绿色革质

紫积水凤梨

学名： *Alcantarea imperialis* 'Purple'

株高1.5米、幅径1.5米。叶面深绿色具紫色晕彩，叶背紫红色。

红帝王凤梨

学名： *Alcantarea imperialis* 'Rubra'

株高1.5米，幅径2米，全株红紫色。叶革质，叶身中央较绿，叶缘与叶端较暗红。花梗高达4米，花白色。喜充足的散射光，土壤排水需良好，幼苗易受霜冻，寒冬需避低温伤害。

银叶帝王凤梨

学名： *Alcantarea odorata*

全株银白色，幅径可达1.5米。叶线形，灰绿色，具灰白色细纹。花梗红色、高达4米，小花黄色。

绿帝王凤梨

学名： *Alcantarea regina*

植株幅径可达1.8米，叶宽15厘米。红色花梗高2.5米，花苞白色，覆瓦状排列，绿色萼片三角形。需充足的散射光，常保持叶杯积水，但土壤须呈干燥状态，生长缓慢。

▶叶翠绿
革质

酒红帝王凤梨

学名： *Alcantarea vinicolor*

全株酒红色，株高1米、幅径1.5米。叶线形，革质，植株中央的新叶色较翠绿，老叶以及叶端偏红。花梗紫红色，可高达3米，萼片桃色，花浅桃色。夏季全日照处生长不好，需遮阴，光照弱则叶色偏绿。

Ananas

*Ananas*属较为熟悉的就是一般食用的凤梨（*Ananas comosus*），较常见的斑叶凤梨则以观赏为主。多原产于热带美洲。叶片多长带状，缘有针刺；花后形成多花果，肉质，果实顶端的冠芽可用来繁殖。

▼穗状花序，小花紫色，
由左图至右图循序绽放

食用蜻蜓凤梨

学名： *Ananas bracteatus* × *Aechmea lueddemanniana*

黄绿色的线形叶，新叶与叶背色偏红紫。

斑叶红苞凤梨

学名： *Ananas bracteatus* var. *tricolor*

绿色叶片中央有一白色斑条，新叶淡粉红色。

食用凤梨巧克力

学名： *Ananas* 'Chocolat'

全株披白色鳞片，新叶泛浅咖啡色晕彩，老叶翠绿色。

红皮凤梨

学名： *Ananas comosus*

叶中肋绿色、缘黄绿，叶背灰绿、似披白粉。果皮红艳，具观赏性。

台农凤梨

学名： *Ananas comosus*

台湾农业试验所研究培育出的园艺栽培种，以纤维少、糖度高、酸度低、风味佳、适合食用为其改良目标。结果的盆栽可放室内观赏，但时间不长。

▼台农4号释迦凤梨

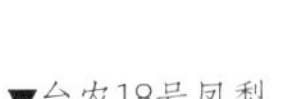

▼台农18号凤梨

▼台农17号金钻凤梨

▶台农20号牛奶凤梨

▼台农6号苹果凤梨

▼台农11号香水凤梨

凤梨-三菱系

学名： *Ananas comosus* sp.

叶背稍披白粉，果实橙黄色，基部多瘤状突起，裔芽多。

凤梨-青叶

学名： *Ananas comosus* sp.

我国台湾的本地种凤梨之一，叶背披粉呈银白色，果实小。

凤梨-开英

学名： *Ananas comosus* sp.

外来种凤梨，果实大、果形佳。

绣球果凤梨

学名： *Ananas comosus* sp.

新芽红艳，叶片翠绿，果实外形似绣球花，不长果肉，以观赏为主，一般环境可观赏40~50天。

红果凤梨

学名： *Ananas comosus* ‘Porteans’

叶线形，青绿色，具多条深绿色条纹，越接近中肋处越密集，叶背灰绿色。果实呈松果状，橘红色。

光叶凤梨

学名： *Ananas lucidus*

原产地： 南美洲

喜排水良好的沙壤土，需充足散射光，光不足叶片转暗绿色。

◀浆果红色，以观赏为主

▶小花白、紫色，花苞萼片红色

斑叶食用凤梨

学名： *Ananas comosus* ‘variegatus’

英名： Variegated pineapple

别名： 艳凤梨

原产地： 巴西、阿根廷

株高120厘米，叶长60~90厘米、宽3~6厘米，绿叶、缘乳黄色，新叶泛红晕。果实顶端的苞片（或谓冠芽）美丽，缘有红刺；果实虽可食，但多不食用，以观赏为主，具观果及观叶性。

Androlepis

鳞蕊凤梨

学名：*Androlepis skinneri*

原产地：哥斯达黎加

全株酒红色，株高与冠幅1~2米。叶剑形，长25~60厘米，莲座状植株。花梗直立，披白色鳞片，夏季开花。土壤需微酸性、排水良好，夏季全日照处须遮阴。

▶叶缘具小锯齿

▶花苞白色，小花黄色

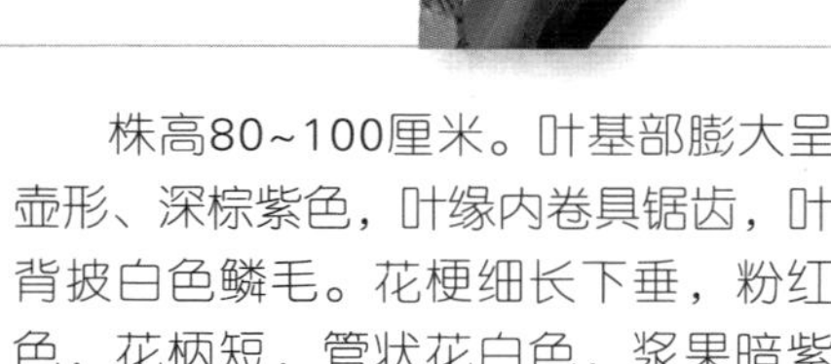

Araeococcus

鞭叶多穗凤梨

学名：*Araeococcus flagellifolius*

原产地：玻利维亚、巴西、哥伦比亚、法属圭亚那、苏里南、委内瑞拉

株高80~100厘米。叶基部膨大呈壶形、深棕紫色，叶缘内卷具锯齿，叶背披白色鳞毛。花梗细长下垂，粉红色，花柄短，管状花白色，浆果暗紫色。

◀叶线形，草绿色

Billbergia

Billbergia 属的水塔花观赏凤梨，原产地多为巴西，统称 Vase plant，茎极短，叶基互相叠生成瓶筒状，故有此英名。叶片斜生略弯垂，缘有针刺。小花多无梗，具明显而色美的大型苞片，花朵的观赏期虽不长，但因叶簇生长且整齐，或叶缘镶色，或叶面有斑点、斑纹等，在花谢后可将花梗自基部剪除，而以观叶为主。喜好光线充足的明亮场所，需光半日照以上，喜充足的散射光，生长适温16~30℃。夏季生长旺季每2天浇1次水，常喷细雾水，叶片将生长更佳。基质排水需良好，过湿会造成烂根，土壤干些无妨，但叶杯需常保持有清水。花后母株旁会发出萌蘖，用以繁殖新株是较容易的方法，但生长速度迟缓。

斑马水塔花

学名： *Billbergia brasiliensis*

植株直立，叶群围成筒状。叶厚革质，叶面草绿色、叶背具粗细不一的斑马横纹。花梗柔软下垂，桃红色花苞、紫色花瓣反卷，花朵外包覆着银白色的细致鳞毛，花蕊细长。

美味水塔花

学名： *Billbergia* 'Deliciosa'

叶长带形，较长时会弯垂，叶身中央翠绿、叶缘及叶端紫红色，全叶布大量白色斑点、斑块及斑条。

米兹墨利水塔花

学名：*Billbergia* 'Miz Mollie'

叶背较叶面的紫红色更鲜丽，除白色斑点外，尚有白斑条。

斑叶红笔凤梨

学名：*Billbergia pyramidalis* 'Variegata'

别名：火焰凤梨

叶长披针形，叶面由数条青绿、乳白色交织而成，近中肋处以青绿色为主，近叶缘处以乳白色居多。叶长40~50厘米、宽4~5厘米。穗状花序，苞片粉红色，花瓣红色，萼片粉红色、披白色细鳞片，柱头紫色，花期不长。类似墨西哥蜻蜓凤梨（*Aechmea Mexicana*），但此种的叶缘近于全缘无锯齿，其叶色美，花谢后剪除花梗仍具观叶性。

水塔花穆里尔沃特曼

学名：*Billbergia* 'Muriel Waterman'

英名：Queen's Tears

株高30~40厘米。叶长带形，叶端弯曲反卷，叶宽7.5厘米，叶面绿带紫红，具白色斑点及浅灰色条纹。叶背红褐色，具银灰色带状条纹。穗状花序，苞片粉红色，小花黄色，花瓣蓝紫色，色彩鲜艳。

白边水塔花

学名：*Billbergia pyramidal* 'Kyoto'

株高45厘米。叶长带状，偶有乳白色斑条，叶翠绿色，叶缘乳白色，叶端微反卷。伞形花序，苞片桃红色，花瓣红色，萼片红色，被白色细鳞，柱头紫色。

水塔花拉斐尔葛拉罕

学名：*Billbergia* 'Ralph Graham French'

全株叶色多样化，布红色晕彩，叶背泛红褐色晕彩，具灰白色斑马纹，叶端反卷，黄绿色叶缘锯齿状。

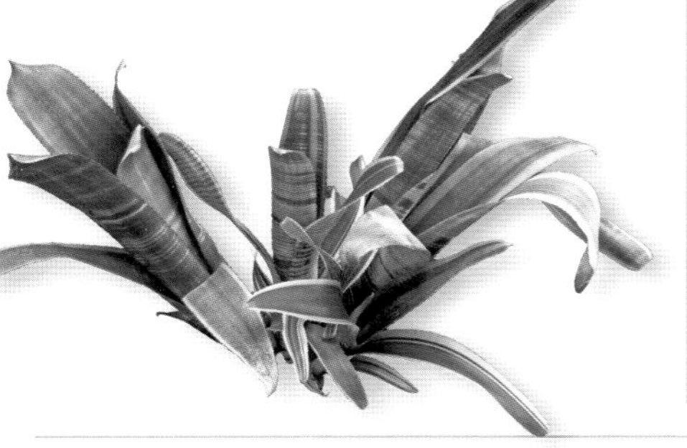

水塔花

学名：*Billbergia* sp.

青绿叶色，分布紫红色晕彩及白色斑点、斑块及斑条，叶缘细锯齿。

水塔花龙舌兰落日

学名：*Billbergia* 'Tequilla Sunset'

株高15~30厘米，全株披白色鳞片。叶片反卷，叶面布不规则浅黄色斑点、偶有红色晕彩，叶缘锯齿。管状花，小花黄绿色，花萼白色，苞片桃红色，花梗橙红色。较耐低温。

Canistropsis

薄切尔拟心花凤梨

学名：*Canistropsis burchelii*

株高60厘米、幅径40厘米，全株具细小白色鳞片。叶剑形青绿色，叶背红褐色，叶基红褐色，叶缘锯齿。穗状花序，萼片酒红色，小花白色，花期春季。半日照即可，空气湿度须维持60%以上，生长适温15~25℃，最低温10℃。

Cryptanthus

原产于巴西的*Cryptanthus*属凤梨，英名为Star Bromeliad，整株状似星形，故有此英名。叶片多横向伸展，群簇性佳。叶片多短小，植株低矮，株高多不超过20厘米，体型为观叶凤梨中较娇小者。叶片硬挺、波浪缘，花白或浅绿色，生于叶簇群中，形成头状花序，而其中小花多半是不稔性的，观花性不高，主要仍以观叶为主。

植株体态玲珑可爱，对环境耐性高，明亮至略遮阴的光线均宜。喜好湿润空气，但根群土壤不可常呈潮湿状，须待干松后再充分浇水。母株基部或腋部发生的萌蘖可用来繁殖，待其长大便于处理时，即可剥离母株，插于蛇木、珍珠岩等排水良好基质中，注意水分供给，很快就自成独立一株。此凤梨为桌上摆饰或瓶饰的最佳材料，耐寒，病虫害不多见，初学种植观赏凤梨者可尝试。

银白小凤梨

学名： *Cryptanthus acaulis* var. *argentea*

英名： Star Bromeliad

别名： 银白绒叶凤梨

叶两面灰绿、似被白粉。穗状花序自植株中央抽出，短柱状，总苞片4枚，三角形，小花白色。空气湿度需求高，土壤须保持干燥以免烂根。

红叶小凤梨

学名： *Cryptanthus acaulis* var. *ruber*

英名： Starfish plant

植株矮小，株高约5厘米，几乎看不到茎。卵披针形叶，长8~10厘米、宽1.5~2厘米，光线明亮处叶色红晕明显，暗处则转绿色，叶背银灰色，似披蜡质白粉，叶缘波状、有细软锯齿。

绢毛姬凤梨

学名： *Cryptanthus argyrphyllus*

株高15~30厘米。小花白色，3瓣，花期夏末秋初。喜明亮的散射光，基质需排水良好，耐低温。

▼叶长椭圆形，黄绿色、密披白色鳞片

长柄小凤梨

学名： *Cryptanthus beuckeri*

株高10~15厘米，披白色鳞片。叶披针形，叶基钝圆、叶端锐尖，叶深绿色、具浅绿色细致斑点，横走斑条若隐若现。小花白色、3瓣，花期6~8月。颇耐低温。

▶叶柄明显

绒叶小凤梨

学名： *Cryptanthus bivittatus*

英名： Rose stripe star

株高约10厘米，叶片密簇着生，几乎无茎。披针形叶，长10~12厘米、宽2~3厘米，厚肉质，硬挺略弯垂，缘有细针刺、波浪明显，叶背灰白，叶色多变化。花小，黄白色。

▶玫瑰姬凤梨（*C. bivittatus* 'Ruby'）

▼黑红小凤梨

▼粉缘小凤梨

▼红心斑条姬凤梨

▶白边红心姬凤梨

红梗绿太阳

学名： *Cryptanthus microglazion*

单株幅宽小于12厘米。红色主茎粗壮，直立生长，叶翠绿色，狭剑形，叶缘锯齿色白。穗状花序顶生，小花白色。

虎纹小凤梨

学名： *Cryptanthus zonatus*

英名： Zebra plant

株高约15厘米。披针形略扭曲的叶片，长20~23厘米、宽3~4厘米，厚肉质硬挺，缘大波浪、具刺齿，叶背似布满白色鳞屑而呈银白色。

◀红虎纹小凤梨

▼穗状花序，小花白色

▶淡绿色叶面、横向布满波浪状、粉褐浅淡的斑条

Dyckia

主要为地生型凤梨，原产地多为巴西，少数在乌拉圭、巴拉圭、阿根廷、玻利维亚，生长海拔约为2000米。叶色多变化，叶为剑形或线形，厚革质，叶缘具尖刺。喜欢排水良好的基质及充足的散射光，植株常簇群而生。

扇叶狄氏凤梨

学名： *Dyckia estevesii*

株高可达2米，叶基抱茎互生，形态似扇形开展，全株披白色鳞片。叶片线形，墨绿色，叶背似布有银斑条，叶缘具黄色坚硬锯齿。穗状花序，花梗自叶腋抽出，绿色细长，小花橙黄色，分散着生。

宽叶硬叶凤梨

学名： *Dyckia platyphylla*

株高20厘米、幅径30厘米，全株披白色鳞片。披针形叶、厚硬革质，叶面深绿色，叶缘偏红褐色，叶背密被银白色鳞片、银斑条，叶缘具白色硬直尖刺。花梗长达90厘米，小花橘色。喜生长于明亮光照处，耐寒冬。

狭叶硬叶凤梨

学名： *Dyckia beateae*

全株披白色鳞片，似分布银斑条。叶披针线形，叶端渐尖，叶缘有明显粗硬直尖刺，叶面浓绿微偏红。小花黄色。需光半日照以上，生长旺季注意供水，基质常处于潮湿状易烂根。

Encholirium

美叶矛百合

学名： *Encholirium horridum*

原产地： 巴西

株高20~40厘米。叶线形，叶缘具白色刺锯齿。绿色花梗粗大直立，管状花白色。基质排水需良好，喜半日照，耐寒。

▶叶青绿色，叶端弯曲反卷

Guzmania

*Guzmania*属凤梨，陆生或附生者均有，原生长地为热带美洲，哥斯达黎加、巴拿马、哥伦比亚、厄瓜多尔、墨西哥等地。体型属于中至大型，株高40~100厘米。叶片多带状，每株叶片为数颇多，簇生于短缩茎上，仿如自根际发出。叶片硬挺、革质，叶面平滑无茸毛，全缘无刺。总花梗多无分歧，单支自叶群中央直挺而出，圆锥、穗状或群聚似头状之花序。具有明显、大型、色泽鲜艳持久的美丽总苞，观赏期长达半年之久。小花由总苞中钻出，小花瓣合生成管状，子房上位，蒴果。

可放置户外中度光照环境养护，室内宜位于明亮窗口旁，生长开花较理想，且苞片或花序之色彩较鲜丽。盆土稍润湿即可，养护重点是叶杯不可缺水，生长旺季每月施稀薄液肥一次。繁殖法可用播种、分株或母株旁新萌生的小植株分株之。

▶各花色之擎天凤梨

紫擎天凤梨

学名： *Guzmania* ‘Amaranth’

株高60~90厘米，叶长50厘米、宽3~4厘米。

▶总苞紫红色

橙擎天凤梨

学名： *Guzmania* ‘Cherry’

▲株高70~90厘米，线形绿色叶片长约60厘米、宽约4厘米

▲小花藏于苞片腋基内

▶总苞片橙红色，苞片愈近叶群则渐转绿色

黄歧花凤梨

学名： *Guzmania dissitiflora*

叶长30~90厘米、宽3~6厘米，叶面具细致的纵走白色斑条，叶背有鳞片状斑点。穗状花序直立，抽生甚长，各自分离的管状小花，自红色总花梗上斜生或平出。

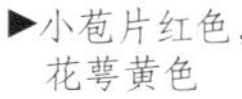

◀叶深绿色

黄花大擎天凤梨

学名： *Guzmania* 'Hilda'

英名： Hilda Bromelia

株高45~60厘米，穗状花序直立，花梗长60厘米。

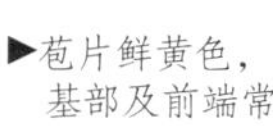

▼叶线形，
深绿色

紫花小擎天凤梨

学名： *Guzmania* 'Ilse'

短穗状花序，小花黄色，苞片紫红色，其花序较紫擎天凤梨短。

火轮凤梨

学名：*Guzmania lingulata* var. *magnifica*

别名：小擎天凤梨、火冠凤梨

株高约30厘米，苞片红色，小花白或黄色，花期晚春至初夏。

紫花大擎天凤梨

学名：*Guzmania* 'Luna'

株高60厘米、幅宽55厘米。叶深绿色，光滑平展。总花序颇长，苞片紫红色，小花淡黄色，观花期可达数月之久，花期晚春至初夏。喜明亮的散射光，以及排水良好的沙壤土。

橘红星凤梨

学名： *Guzmania lingulata* ‘Minor’

英名： Orange star

株高约75厘米，叶长40~60厘米、宽3~3.5厘米，苹果绿的线形叶片。密穗状花序色彩鲜丽，总苞片橘红、猩红色，星状开展，观赏期有数月之久。

火轮擎天凤梨

学名： *Guzmania magnifica*

长线形的绿色叶片，长20~30厘米、宽1~2厘米，斜立或横垂。密簇似头状的穗状花序，艳红色、披针形的总苞片，15~20片，革质，群聚叠生状似星塔，总花序之幅径约15厘米，观赏期可长达半年之久，白色短圆小花埋于总苞片中。

▲总花梗短小

▼紫火轮擎天凤梨

►*G. lingulata* ‘cordinalis’

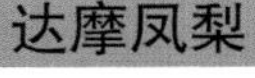

达摩凤梨

学名： *Guzmania* 'Marina'

穗状花序，直立红色花梗，小花白色，花仅开一次。斑叶种的叶基偏红。

▼花梗短，苞片红色

▲斑叶达摩凤梨的绿叶中肋有数条乳白色细斑纹

黄橙花大擎天凤梨

学名： *Guzmania* 'Marjan'

株高与幅宽50厘米，花梗黄绿色直立，黄橙色苞片可维持数月之久，小花白色。

国王小擎天凤梨

学名： *Guzmania minor* 'Rondo'

株高50厘米，苞片红色，白色小花群聚中央。喜明亮的散射光，空气湿度需高，但基质不可过于潮湿，浇水与叶面喷雾并用，生长适温18~30℃。

金钻擎天凤梨

学名：*Guzmania* 'symphonie'

株高60~80厘米，绿叶近基部泛紫红色晕彩，叶背紫红色。密穗状头形花序，黄色小花分数个小群，苞片红色。

斑叶大擎天凤梨

学名：*Guzmania wittmackii*

株高70~90厘米，叶长50~70厘米、宽3.5~4.5厘米，长带状叶片，中肋附近有数条乳白色条纹。总花梗粗直硬挺，疏布披针形、状似叶片之总苞，愈上端的总苞片愈小，颜色由绿渐转紫红。穗状花序颇长，自各片总苞基部之腋处，绽放3瓣的白色小花。

Hechtia

银叶凤梨

学名：*Hechtia glomerata*

别名：华烛之典、沙生凤梨

原产地：危地马拉、墨西哥、美国

株高20厘米、幅径30~40厘米，全株披白色鳞片。叶线披针形，青绿色，叶缘具白色锯齿，锯齿与叶片连接处偶呈酒红色，叶背灰白色。花梗细长直立，小花白色，花期5~8月。喜明亮的散射光，基质排水需良好，可采用透气性好的壤土。

山地银叶凤梨

学名： *Hechtia montana*

原产地：墨西哥

株高15~30厘米，叶长60~90厘米，叶缘锯齿，叶长剑形，两面皆密被白色鳞片。

喜明亮的散射光，基质排水需良好，缺水时叶端干枯，耐寒。

Neoregelia

*Neoregelia*五彩凤梨多为附生性植物，原产于巴西、委内瑞拉、哥伦比亚、厄瓜多尔与秘鲁等地。宽线形叶片，簇生于根际，叶片平出横布，植株多不高大，但叶群形成的幅宽颇大，叶缘疏布细小针刺，全株披白色鳞片。

单一花序无总梗，具短梗的小花，蓝、紫或白色。常于春天绽放，多仅开放一夜而已，观花性不高，但彩叶期可长达数月之久。小花瓣连生成筒状，子房下位，浆果。

植株于明亮处色彩艳丽，阴暗处色彩较暗淡。斑叶种需光较高，适于放置室内朝东或南向窗口、忌北向。

繁殖可用分株法。栽培需注意盆土不可长期过湿。喷雾水于其叶面，叶片将愈发干净亮泽。生长旺季每月一次于土壤施追肥，亦可叶面施肥，但肥料用量须净半，稀释后再喷洒。

▲各种红彩凤梨

◀开花前，叶群中央总苞渐转红彩，十分明艳耀眼

▼植株中央叶杯不可无水

▼状似头状的花序集生于红色叶簇中央的叶杯内

黑红彩凤梨

学名：*Neoregelia* 'Black Ninja'

叶色翠绿、披红色晕彩，叶端突尖桃红色，中央叶色较黑紫红、散布绿色斑点。

细纹五彩凤梨

学名：*Neoregelia* 'Bolero'

为'Sun King' × 'Meyendorffii' 之杂交种。翠绿色叶面，具多条铁锈色纵向细条纹，叶端突尖桃红色。

大巨齿五彩凤梨

学名： *Neoregelia carcharodon* 'Giant'

株高60厘米，幅径90厘米。叶墨绿色，叶缘具大而坚硬的黑突刺，叶端突尖红黑色，叶背基部偶有褐色横纹。

彩虹巨齿五彩凤梨

学名： *Neoregelia carcharodon* 'Rainbow'

株高35厘米。叶面散布许多细小黑色斑点，以及暗红色、不明显之虎纹斑块，于不同日照环境，叶面会出现黄、红晕彩，叶缘具黑色硬尖刺。

红巨齿五彩凤梨

学名： *Neoregelia carcharodon* 'Rubra'

叶浅绿色，泛不同层次红色晕彩，叶缘具红色尖刺。

银巨齿五彩凤梨

学名： *Neoregelia carcharodon* 'Silver'

株高45厘米。叶面绿、叶背浅银灰绿，具灰白色细密横纹，叶缘具黑色长尖刺。

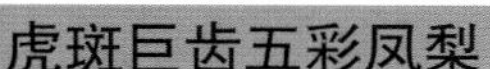

虎斑巨齿五彩凤梨

学名： *Neoregelia carcharodon* 'Tiger'

株高45~60厘米。绿叶面具数条红褐色虎状斑纹，叶背虎状斑纹较密集，叶端粉彩色，叶缘具坚硬黑刺齿。

斑叶红心凤梨

学名： *Neoregelia carolinae* 'Tricolor'

英名： Striped blushing bromeliad

株高与幅径约50厘米，植株呈莲座状。短叶片簇群密集而生，叶面光滑革质。绿色叶面，中央有象牙白纵走的宽幅斑带，其间夹杂绿色细斑条。

植株于较明亮场所，红晕彩更加明显。开花前，植株心部的叶片转红，观赏性颇高。

五彩凤梨

学名： *Neoregelia carolinae*

英名： Blushing bromeliad, Nest plant

别名： 彩叶凤梨、积水凤梨

株高约30厘米，每株有叶片10~20片、横展平铺，冠幅约50厘米，叶片长20~30厘米、宽3~3.5厘米。叶面平滑无毛、富有光泽，硬挺、革质，缘有细锯齿。叶面铜绿色，叶背色泽较深暗，叶群中央叶片于开花前渐转红色，此红色叶片亦是花序的总苞。小花紫粉或青紫色，瓣缘白，瓣心深色，常于春天开花。五彩凤梨几个常见品种如下。

▼红心彩叶凤梨
植株中心及叶端红色，叶片较短、深绿色

◀红彩中斑凤梨
叶带状，绿叶中肋乳白色

▶红彩斑纹凤梨
绿叶面纵布粗细不一的乳白色条纹

紫黑红彩叶凤梨

学名： *Neoregelia* 'Carousel'

叶面酒红色、布绿斑点，叶背翠绿、泛酒红晕彩，叶端突尖亮粉红色，叶缘暗红色小锯齿。

彩纹彩叶凤梨

学名： *Neoregelia* 'Cobh'

翠绿至绿色多层次、泛红褐色晕彩的叶面，零星散布红褐斑点、细条纹。

梦幻彩叶凤梨

学名： *Neoregelia* 'Concentrica Bullis'

幅径可达80厘米，浅翠绿叶面，具泼墨般的红褐色大小不一的乱斑，植株中心玫瑰红紫色。

中型五彩积水凤梨

学名： *Neoregelia* 'Charm'

株高30厘米，幅径50厘米。绿叶面上散布许多酒红色斑点。

翠绿彩叶凤梨

学名： *Neoregelia* 'Concentrica' × *N. melanodonta*

叶翠绿色，零星散布酒红色小斑点，叶端、叶缘与锯齿均为酒红色。

珊瑚红彩叶凤梨

学名： *Neoregelia* 'Coral Charm'

叶珊瑚红紫色，植株心部黄绿色、并散布不规则紫红色斑点。

血红凤梨

学名： *Neoregelia cruenta*

具匍匐茎，幅径90厘米。类似翠绿彩叶凤梨，仅叶端之半圆形红紫色斑块较大且明显。叶翠绿色，叶缘紫黑色细锯齿，叶宽7.5厘米。小花紫色，花期4~6月。

镶边五彩凤梨

学名： *Neoregelia carolinae* 'Flandria'

绿叶面、缘镶乳白色斑条，泛粉晕彩。

火球凤梨

学名： *Neoregelia* 'Fire Ball'

株高30厘米，叶长10~15厘米，小花蓝色，颇耐低温。

▶会自然繁衍扩大其族群

▲与枯木搭成的景观

◀叶酒红色，光照越多、叶色越加紫红

▲光照不足时会褪为绿色

佛莱迪的诱惑五彩凤梨

学名： *Neoregelia* 'Freddie'

株高45厘米，绿叶的中肋处具多条黄色纵向条纹、泛红晕彩，植株中央桃红色。

紫端五彩凤梨

学名： *Neoregelia* 'Frend Form'

翠绿叶面散布红褐色不规则斑点，叶身近叶端渐转酒红色，叶端突尖桃红色。

紫斑五彩凤梨

学名： *Neoregelia* 'Gee Whiz'

叶面翠绿色，近叶端不规则散布紫褐色斑点，叶背灰绿色，叶端突尖红色，叶缘及锯齿黑褐色。

酒红粉五彩凤梨

学名： *Neoregelia* 'Gee Whiz Pink'

叶面绿、全叶散布酒红色斑点，开花前叶杯处转红，叶端红。

优雅五彩凤梨

学名： *Neoregelia* 'Grace'

株高与幅径约50厘米。上层叶片泛荧光粉红色，每个叶片色彩不同，变化颇多，有墨绿、红褐、玫瑰红、绿色以及斑条，叶杯部位翠绿色。

优雅深情五彩凤梨

学名： *Neoregelia* 'Grace Passion'

株高40厘米，叶片色彩不如优雅五彩凤梨，较暗沉。

杂交五彩凤梨

学名： *Neoregelia hybrid*

类似紫端五彩凤梨与紫斑五彩凤梨。

米兰诺五彩凤梨

学名： *Neoregelia melanodonta*

叶墨绿色，具不规则铁锈色块斑，植株中心浅粉紫色，小花紫色。

二型叶五彩凤梨

学名： *Neoregelia leviana*

叶两型，不开花时，绿叶长带状，向下反折；开花时，长出三角形直立短叶，绿色泛红粉紫。

红紫端红凤梨

学名： *Neoregelia* 'Mony Moods'

绿叶面、酒红色横斑条若隐若现，近叶端转酒红色，叶端具桃红色斑。

彩点凤梨

学名： *Neoregelia* 'Morado'

株高30厘米、幅径45厘米。叶青绿、缘乳白色，泼墨般的紫红色斑点随意散布。

黑刺五彩凤梨

学名： *Neoregelia* 'Ninja'

株高25厘米、幅径40厘米。叶橄榄绿色，散布不规则铁锈色斑块，叶缘具暗红黑的刺齿。

长叶五彩凤梨

学名： *Neoregelia myrmecophila*

株高15厘米、幅径30厘米，具匍匐茎，易蔓生。绿色叶片特别细长，向下微弯。小花白色，花期夏季，耐低温。

▲叶杯开口大，开花前转橙红色

紫彩凤梨

学名： *Neoregelia* 'Ojo Ruho'

叶面酒红、翠绿色交杂色斑，叶端突尖亮粉红色。

粉彩凤梨

学名： *Neoregelia pascoaliana*

绿叶面泛粉紫晕彩，散生暗红色斑点，叶背具银白色横纹，叶缘黑色长刺。

斑纹凤梨

学名： *Neoregelia pauciflora*

株高30~45厘米，具匍匐茎。翠绿叶，具深绿色虎斑横纹以及细纵纹，颇耐低温。

紫斑端红凤梨

学名： *Neoregelia × Pinkie*

叶酒红色，泼墨般散布亮绿色斑点，叶色因光强度不同而变化。

端红凤梨

学名： *Neoregelia spectabilis*

英名： Paintedfingernail, Fingernail plant

叶长30~40厘米、宽3.5厘米，叶面绿，叶背白粉状、有灰色横走的细斑纹，叶基部带紫色，叶端钝圆短突尖、呈红色，为端红凤梨独特之处。小花蓝色，长4.5厘米，于夏秋之际盛开于叶群中央。

虎纹凤梨

学名： *Neoregelia* 'Tiger Cup'

具匍匐茎，可攀附于树上。叶绿色，具红褐色虎皮横纹，叶背横纹更明显。

虎纹五彩凤梨

学名： *Neoregelia* 'Tigrina'

株高15~30厘米。绿叶、布红褐色虎皮横纹，近叶端泛红粉紫晕色，耐低温。

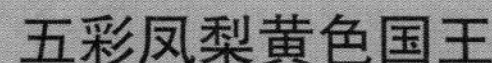

黑巨齿五彩凤梨

学名： *Neoregelia* 'Yamamoto'

幅径30厘米。叶翠绿，偶布铁锈色乱斑，叶端突尖暗红色斑，叶缘黑色长刺。

五彩凤梨黄色国王

学名： *Neoregelia* 'Yellow King'

株高20厘米、幅径40厘米。叶浅黄至黄绿色，具多条青绿色纵纹，开花时叶面会转为粉红色。

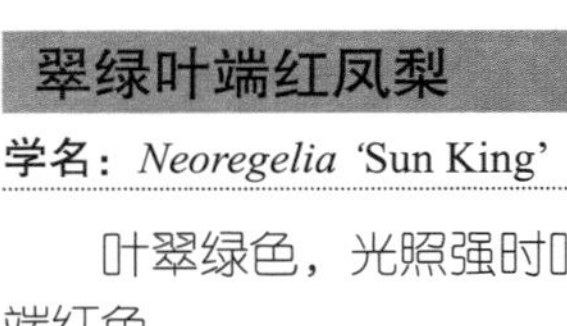

翠绿叶端红凤梨

学名： *Neoregelia* 'Sun King'

叶翠绿色，光照强时叶亮黄色，叶端红色。

Nidularium

本属植物形态因叶片密簇而生状似鸟巢，故称为鸟巢凤梨（Bird's nest bromeliads）。原产于巴西，多为中小型附生植物，与前面所介绍的*Neoregelia*属的凤梨科植物有许多相似之处。叶缘有锯齿。小花无柄密簇而生，小花瓣基部合生，子房下位。浆果。

喜明亮非直射光，光线直射下叶色易泛黄，却可容忍较差的光照环境。生长适温16~26℃，耐寒力较差，冬日温度太低，植株会冻死，寒流来袭须移至室内温暖处。母株旁着生的小萌蘖长大至够硬实时，即可用来分株繁殖。

栽培需注意浇水，尤其是生长旺季（夏季），叶杯需经常有水，土壤则不可太湿，稍湿润即可。但若增加叶面喷雾，提高空气湿度，生长更佳。生长旺季每月土壤施肥一次，叶面使用半量液肥喷雾，使叶色亮绿。

阿塔拉亚鸟巢凤梨

学名： *Nidularium atalaiaense*

株高20厘米，径45厘米，植株莲座状。叶长披针形，黄绿色，光滑革质，叶端锐尖，叶缘锯齿红褐色，叶基槽状抱茎。小花紫色。

锈色鸟巢凤梨

学名： *Nidularium rutilans*

绿叶长线形、泛布橘黄色，偶布深绿色斑，叶杯不因开花而变色。小花蓝紫色。

无邪鸟巢凤梨

学名： *Nidularium innocentii*

别名：黑红凤梨、鸿运当头、巢凤梨

植株附生性，全株披白色鳞片。每株15~20片叶，倒披针形叶长25厘米，叶缘具细刺。绿叶面泛红色晕彩，近叶基转暗紫红色，叶背酒红色。

小花白色，开花时植株中央叶杯转深红色。喜温暖湿润、光照充足的环境，忌烈日暴晒，生长适温为20~28℃。

锯齿鸟巢凤梨

学名： *Nidularium serratum*

叶长带形，叶面墨绿色、中肋近叶基处带紫色晕彩，叶背紫红色。叶缘皱褶、具锯齿。小花白色，开花时植株中央叶杯转红褐色。

Orthophytum

莪萝凤梨

学名： *Orthophytum foliosum*

株高10~30厘米，全株披白色鳞片。穗状花序顶生，花梗红褐色，小花白色，花期6~8月。至少需半日照，生长旺季约3天浇水1次，基质常呈潮湿状易烂根，生长适温15~27℃，最低温-7℃。

▶叶长披针线形，暗灰绿色

◀苞片三角形，抱茎、反卷

红岩莪萝凤梨

学名： *Orthophytum saxicola* 'Rubrum'

全株披白色鳞片。叶披针形，青绿色，叶缘锯齿明显。穗状花序，花梗自植株中心抽出，苞片三角形，开展状，青绿至深绿色，星形环状排列，边缘具倒钩状白色硬刺，小花白色。

红茎莪萝凤梨

学名： *Orthophytum vagans*

植株簇群生长，茎粗大，全株被白色鳞片。叶细长下垂，翠绿色，叶缘锯齿。穗状花序顶生，苞片长三角形，开花时苞片转红，小花白色。

Pitcairnia

白苞皮氏凤梨

学名： *Pitcairnia sceptrigera*

原产地： 厄瓜多尔

株高40~70厘米。叶翠绿色，长带状披针形，易弯垂，叶背中肋明显。穗状花序，白色苞片抱茎反卷，管状花黄色。喜明亮的散射光，基质需排水良好，可使用椰子纤维、岩砾之混合物。宜于晚春初夏繁殖。

Quesnelia

*Quesnelia*属凤梨，多为中至大型附生或地生种，原产于巴西。叶缘多有细锐刺，叶片较长，叶数也较多。巨大密伞形花序，具有玫瑰粉白的苞片，可观赏数周之久。子房下位，果实为干质浆果。

耐寒性佳，生长适温为16~30℃，室内明亮的窗边适合摆置其盆栽，短时间于较阴暗处尚可忍耐。土壤干些无妨，略湿润即可，但叶杯全年均需贮水。每月土壤施肥一次，用浓度减半的液肥于叶面喷洒或浇于叶杯内。以母株发生的小萌蘖繁殖。

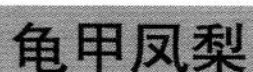

龟甲凤梨

学名： *Quesnelia testudo*

英名： Turtle head bromeliad

别名： 龟头凤梨

中型植株。叶长30~50厘米、叶宽3~4厘米，宽线形叶片。叶硬革质，叶缘密生褐色细针刺，绿色叶面上有细致的横走银白斑带，叶背具银灰色横纹，似覆银灰色鳞痂。穗状花序大型，花梗粗圆，苞片厚质、粉白色。小花苞膜质、玫瑰粉红色，密叠着生，由内伸出白带蓝紫色的小花。

Tillandsia

*Tillandsia*凤梨原生地为热带及亚热带地区，如墨西哥、萨尔瓦多、危地马拉、哥伦比亚、巴西、哥斯达黎加、玻利维亚、巴拉圭、阿根廷、厄瓜多尔、洪都拉斯、秘鲁、委内瑞拉、圭亚那、苏里南、牙买加等地。小型附生种至大型地生种，为凤梨科中种类最多的一属，英名为Air plant bromeliads或Tillandsia，泛称为气生凤梨。多具观赏性，更不乏著名而奇特的观赏凤梨，植株形态多变化，开花时植株中心部位常转红色。

其最典型的特性就是气生根不具吸收水分及养分的功能，主要用于附生，故可做成吊钵或在蛇木板、枯干、岩石假山的小洞穴中，贴生成墙饰或台面摆放，颇具装饰变化效果。

植株多披白色鳞片，依叶色可分为银叶系及绿叶系2大类。银叶系对水分的需求较少，一周仅需喷水雾3次，适合生长于光照较强处；绿叶系则对水分的要求较高，可每天给水或喷雾，适合生长于相对较阴暗的环境。叶色可能因植株进入花期或光照强弱而有所变化。

可于晚间浇水，采用喷雾方式，补肥以液肥为主，用少量多次的方式喷洒。栽植环境需通风良好，避免叶杯积水而造成植株心部腐烂。

生长适温10~32℃，短时间5℃低温尚可容忍。可播种繁殖，但须7年以上才开花，故多采用分株繁殖以缩短时间。

阿比达

学名： *Tillandsia Albida*

全株银白色，植株长大后茎易弯曲。叶厚质，叶端略扭曲，小花淡黄色。

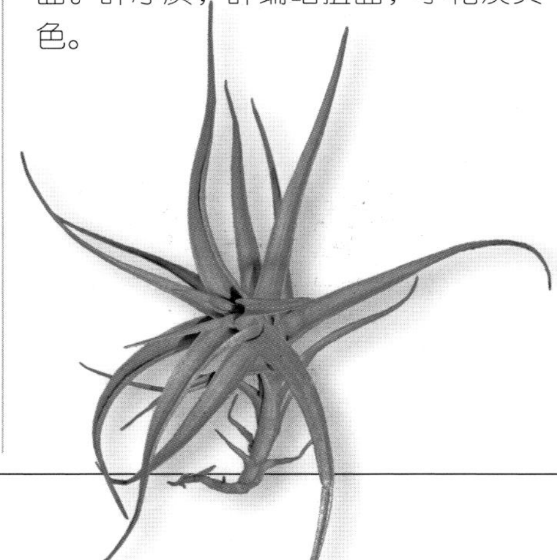

红宝石

学名： *Tillandsia andreana*

幅径约15厘米，叶端向上弯曲、略呈红色。长线形叶黄绿、银绿色，放射状，中心部分为球形，外观形似海胆。管状花橘红色、颇硕大，自茎顶抽生，花周边叶片略呈红色。生长需较高空气湿度。

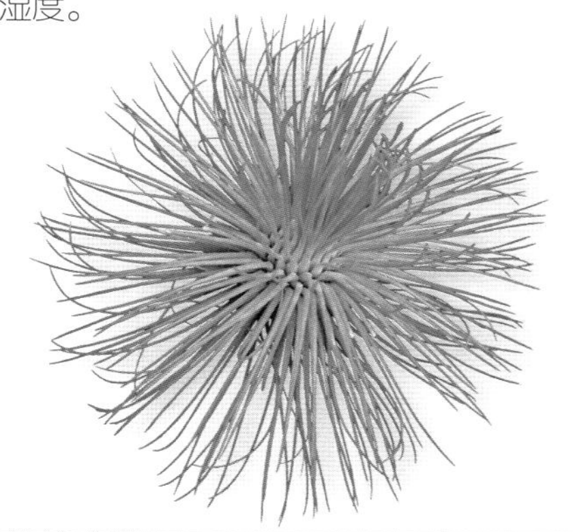

贝乐斯

学名： *Tillandsia beloensis*

株高25~30厘米。叶细长、青绿色，环状抱茎生长。总状花序，管状花紫色，苞片肉质抱茎。

贝可利

学名： *Tillandsia brachycaulos*

株高18厘米、幅径25厘米。叶线形、青绿色。易长侧芽，每株长出3~5个侧芽，可用来繁殖。生长缓慢。花梗自植株心部长出，管状花紫色，每株约20朵，花朵绽放7天，花期5~6月。

▼开花时全株叶片转红，日照不足或日夜温差不大时，叶片仅小部分转红

章鱼

学名：*Tillandsia bulbosa*

别名：小蝴蝶、小天使

株高10~15厘米。叶基开展、槽状抱茎，叶片闭合、细管状，深绿色革质、不规则扭曲。较大章鱼的植株更加小巧可爱，植株常丛生。总状花序，花梗自心部长出，管状花紫色，苞片红色肉质交叠生长。

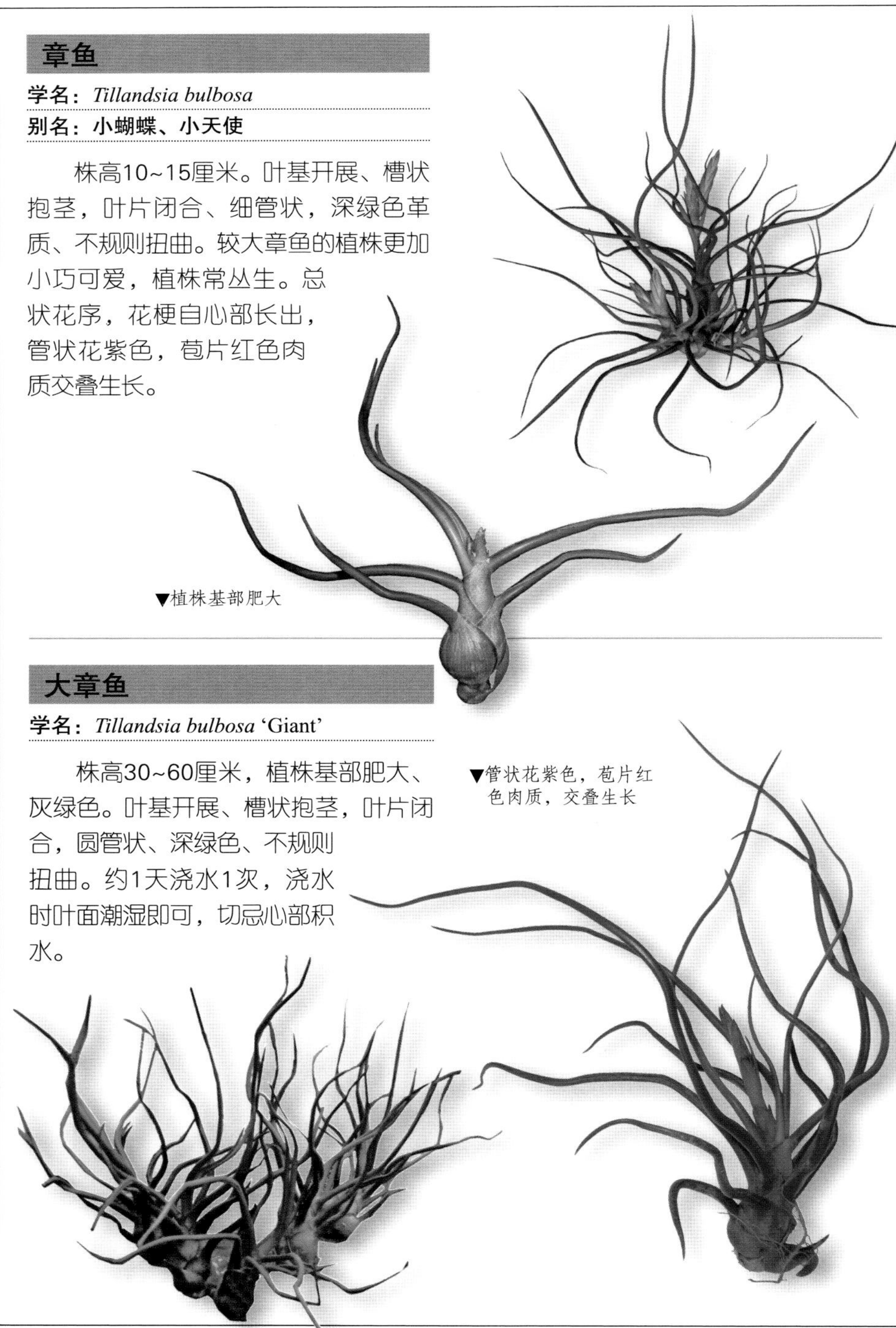

▼植株基部肥大

大章鱼

学名：*Tillandsia bulbosa* 'Giant'

株高30~60厘米，植株基部肥大、灰绿色。叶基开展、槽状抱茎，叶片闭合，圆管状、深绿色、不规则扭曲。约1天浇水1次，浇水时叶面潮湿即可，切忌心部积水。

▼管状花紫色，苞片红色肉质，交叠生长

虎斑

学名： *Tillandsia butzii*

别名：小天堂

植株基部呈壶形，具类似虎斑的深浅交错横纹。叶片闭合、细管状，不规则扭曲，生长适温5~30℃。

卡比它它

学名： *Tillandsia capitata* 'Peach'

株高10厘米，幅径15~30厘米，叶基槽状抱茎，叶青绿色、中肋凹陷。头状花序，管状花深紫色，花药黄色，苞片桃红色，开花时叶片转桃红色。

银叶小凤梨

学名： *Tillandsia caput-medusae*

别名：女王头、梅杜莎

◀株高仅10~40厘米，单叶簇生，植株基部厚球状

▼小型袖珍种，种于枯木、岩缝中，独具风格，常用于室内装饰，水分需求低

▲叶厚肉质，由叶基至顶端渐尖细、不规则扭曲状

▶3短总状花序，小花淡蓝色，径3~3.5厘米，雄蕊突出，花期春、夏季

巨大女王头

学名：*Tillandsia* 'caput-medusae Huge'

别名：扁女王头

株高30厘米以上，植株基部膨胀呈球形。展叶形态为水平互生，槽状抱茎，也被称为“扁女王头”。叶近闭合、粗管状、不规则扭曲，形似希腊神话中的蛇发女妖美杜莎。总状花序短，自植株心部长出，苞片桃红、浅绿色，管状花紫色。

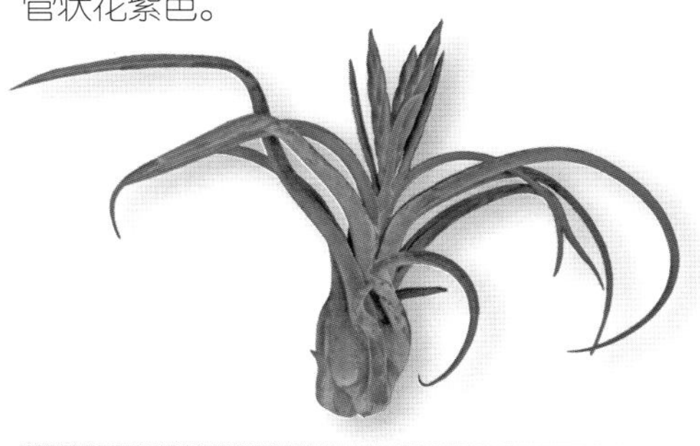

香槟

学名：*Tillandsia chiapensis*

小型种，株高10厘米、幅径15厘米。叶厚质、灰绿微泛紫，喷水后会泛紫色，叶端微卷曲。总状花序，剑形苞片粉红色，被白色细鳞片，管状花紫色。

象牙玉坠子

学名：*Tillandsia circinoides*

植株基部膨大。叶青绿、泛银灰色，中肋凹陷，叶基槽状抱茎，叶端渐尖、略弯曲。短总状花序，苞片粉红色，管状花紫色。

空可乐

学名：*Tillandsia concolor*

株高8~10厘米、幅径10~15厘米。叶细长三角形，叶基较宽、叶端尖细。总状花序，直立花苞超过叶高，苞片翠绿、边缘红色，相互交叠，粉红色管状花，花绽放时间超过1个月。

棉花糖

学名： *Tillandsia* 'cotton candy'

为T. stricta × recurvifolia的杂交种，易长侧芽。线形叶片肉质内卷、中肋凹陷。穗状花序，苞片粉红色、环状交叠，最底端的苞片前缘突尖，管状花淡紫色，观花期1个月。

创世

学名： *Tillandsia creation*

植株幅径25厘米。叶细长三角形、青绿色，厚革质，直出，中肋凹陷。总状花序，苞片粉红色、管状花紫色。

紫花凤梨

学名： *Tillandsia cyanea*

英名： Pink quill

株高不足30厘米，叶片窄线形，叶厚肉质，中肋凹陷呈槽状，叶基带紫褐晕彩、叶背泛紫褐色，向外弯垂，长30~35厘米、宽1~1.5厘米。

穗状花序，花梗单立，直出或略斜立，粉红色总苞彼此叠生成扁扇状。花由下而上绽放青紫色、形似蝴蝶之小花，每花序约20朵，卵形花瓣3片，冠径约3厘米，总苞可欣赏数月之久。

蔓性气生凤梨

学名： *Tillandsia duratii Hybrid*

植株呈蔓性生长，可形成多个分枝，全株披白色鳞片。

喷泉

学名： *Tillandsia exserta*

株高25厘米。叶线形，向下弯曲，如水池中涌出的喷泉，叶过长时会扭曲，叶面具红色晕彩。穗状花序，花苞红色，管状花紫色。

树猴

学名： *Tillandsia duratii*

株高60~100厘米、幅径40厘米，线形、黄灰绿叶片，肉质内凹。除上方有几片叶直出外，余皆下垂卷曲。圆锥花序，长达1米，花白、紫色，具淡淡香味，可耐低温。

小白毛

学名： *Tillandsia fuchsii*

植株心部圆球状，叶片细管状，叶端不规则扭曲。穗状花序，花梗直立细长，苞片粉红色，管状花紫色，雄蕊凸出，花药黄色。

迷你型小精灵

学名： *Tillandsia ionantha* ‘Clump’

别名： 多芽小精灵

叶长三角形弯拱状，青绿色、厚肉质。侧芽丛生、群簇生长。

德鲁伊

学名： *Tillandsia ionantha* ‘Druid’

叶青绿至深灰绿色、弯拱状。开花时，中央叶片转黄色，但光线不足黄色较不明显。花期秋季，管状花白色，亦称白花小精灵，花后植株停止生长。

福果小精灵

学名： *Tillandsia ionantha* ‘fuego’

别名： 火焰小精灵

株高12厘米。开花前植株中心叶片转红，开花时全株转大红，管状花紫色，易生侧芽。

◀植株形态不一，收束或开展，叶色多变化，绿、红或淡黄色

▶可作为桌上的装饰

◀全株披白色鳞片，植株下部鳞片尤其明显

墨西哥小精灵

学名： *Tillandsia ionantha* 'Mexico'

开花时非常抢眼，株高10厘米。叶青绿色。管状花紫色。花期需给予强光，搭配日夜温差大，全株将转红色，花期秋冬季。

乒乓球小精灵

学名： *Tillandsia ionantha* 'Planchon'

植株基部肥大如球。叶肉质、青绿色，叶端偏红。管状花紫色，开花时植株心部转红，易生侧芽，可用来分株。

半红小精灵

学名： *Tillandsia ionantha* 'rubra'

株高10厘米，植株基部肥大。叶端偏红。花期日夜温差大，再给予强光，则全株转红；管状花紫色，花药黄色，花期秋冬季。

长茎小精灵

学名： *Tillandsia ionantha* 'Vanhyingii'

主茎较长，全株呈带状生长。开花前叶端转红，管状花紫色。

斑马小精灵

学名：*Tillandsia ionantha* 'Zebrian'

株高7厘米、幅径10厘米。叶肉质细长、青绿色，叶基较宽大。幼株密披白色鳞片，成株则部分鳞片剥落，呈现斑马纹路。开花时植株中心叶片转红，管状花紫色，大而明显，花药黄色。

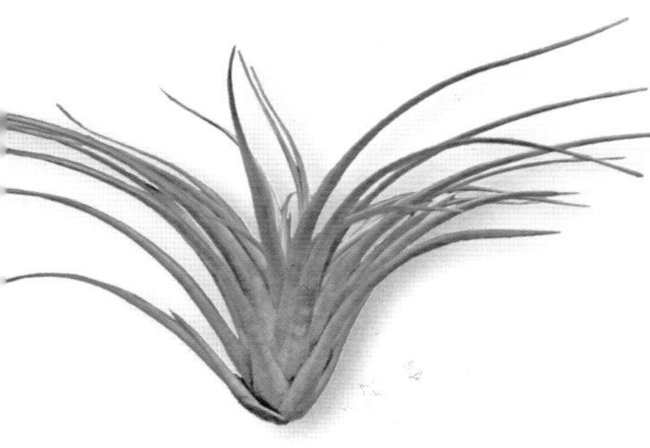

多彩小精灵

学名：*Tillandsia jalisco* 'monticola'

花序具1~3个主苞片，小花紫色，苞片有黄、橙、红色等多种色彩，由蜂鸟授粉。

科比

学名：*Tillandsia kolbii*

别名：卡博士

原为小精灵系列一员（*T. ionantha* var. *scaposa*），后独立为一新品种，株高12厘米。管状花粉紫色，苞片桃红色，开花时植株中心转红，花期10天。

长茎型毒药

学名：*Tillandsia latifolia* 'Graffitii'

幅径35厘米。叶橄榄绿色，水平直出。花苞粉橘、小花粉紫色，开花时会散发浓郁香气。

长苞空气凤梨

学名： *Tillandsia lindenii*

英名： Air plant

穗状花序，苞片粉紫、红、橘黄、橘红色等，相互交叠呈扇状。小花蓝、淡紫色，花瓣3枚，柱头白色，花药黄色。蒴果，种子具羽状冠毛。易长侧芽，以分芽繁殖为主。

大白毛

学名： *Tillandsia magnusiana*

叶长线形，过长时叶端会卷曲。管状花紫色，低于叶高，花期春、秋季。易长侧芽，生长适温15~25℃，温度越高需光越少。

鲁肉

学名： *Tillandsia novakii*

大型种，株高超过50厘米、幅径超过60厘米。叶厚革质，叶端不规则扭曲，叶片草绿色，日照充足时转红色。花梗长30厘米，桃红色，多分歧，3~6支剑形苞片。

波丽斯他亚

学名： *Tillandsia polystachia*

叶翠绿色，过长时叶端自然下垂，管状花紫色。

大天堂

学名： *Tillandsia* 'pseudo baileyi'

株高20厘米、幅径25厘米，植株基部膨大如瓶状。线形叶闭合内卷、扭曲，具银白色纵纹。管状花紫色，苞片绿、红色。

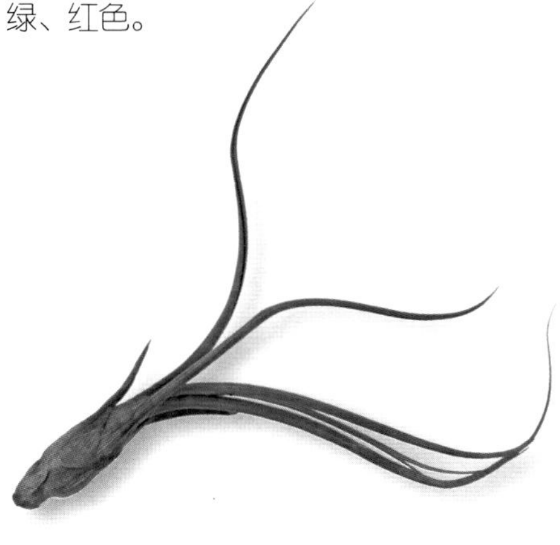

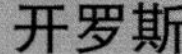

开罗斯

学名： *Tillandsia* 'Queroensis'

长茎型空气凤梨，长可达1米，叶色翠绿、线形，弧状弯曲。

琥珀

学名： *Tillandsia* 'Schiedeana'

株高10~15厘米。叶片细长线形，叶端略扭曲。花梗细长直立，苞片橘红色、剑形，管状花黄色。

犀牛角

学名： *Tillandsia seleriana*

株高20厘米，植株形似犀牛角而得名。茎基部膨大呈壶状，叶灰绿色、闭合圆锥状，种植时斜摆较佳。花梗及苞片粉红色，紫色管状花，花药黄色。

彗星

学名： *Tillandsia straminea*

大型种，株高60厘米。叶线形细长、灰绿色，叶端扭曲弯垂。

电卷烫

学名： *Tillandsia streptophylla*

叶长三角形、青绿色；水分多时生长较快，叶片较不扭曲；水分少时明显扭曲。

多国花

学名： *Tillandsia stricta*

叶线形，易长侧芽。苞片紫红色，花色随时间由浅紫转蓝紫，花期1个月。

硬叶多国花

学名： *Tillandsia stricta* var. *bak*

叶线形，革质，向下弯曲，长15厘米。种名Stricta 为拉长之意，开花时花梗抽出，仿佛与植株一并拉长。花苞象牙白、粉红色，花色由蓝紫转桃红、粉红。生长适温15~30℃。

鸡毛掸子

学名： *Tillandsia tectorhm*

英名： tectorum bush

株高25~30厘米、幅径30厘米。叶淡绿色，细软线形，叶端扭曲弯垂。苞片粉红色，管状花紫色。喜明亮、低湿度环境，湿度过高时鳞片较不生长，观赏性较低。

三色花

学名： *Tillandsia tricolor* var. *melanocrater*

株高15厘米、幅径10厘米。花梗红色，苞片红色，管状花深紫色。

松萝凤梨

学名： *Tillandsia usneoides*

英名： Spanish moss, Graybeard

原产地： 美国东南部至阿根廷与智利

常着生于树上，一群群银灰、线状物，长可达6米。这群银灰的细线其实是它的茎，并有分支。花细小，淡绿或蓝色，单生于叶腋。

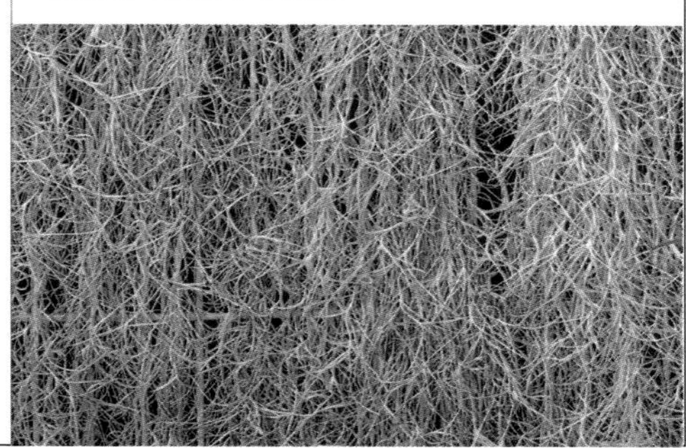

飞牛蒂娜

学名：*Tillandsia velutina* 'Multiflora'

株高12厘米、幅径17厘米。开花时植株中央叶片转红，叶色渐层变化。苞片粉红色，管状花紫色。

斑叶霸王凤梨

学名：*Tillandsia xerographica* 'Variegata'

叶片宽窄不一、叶基圈弯，灰绿叶面有绿斑块。花梗淡粉色，苞片橙、黄色，管状花白色，色彩多层次。

扭叶凤梨

学名：*Tillandsia xerographica*

别名：霸王凤梨

细长叶片，叶端渐尖细、扭曲弯转，甚至彼此缠绕，叶色银灰白。

复穗状花序直立性，初时全体与叶色同为银灰白，并有细长银白总苞；而后橙、红、黄等色彩相继显色而越发鲜丽。

Vriesea

*Vriesea*属的观赏凤梨，英名为Flaming sword, Painted feather, Sword plant。多为中型附生或大型地生型，原产于热带美洲地区、巴西、哥斯达黎加、委内瑞拉、哥伦比亚、厄瓜多尔等。

叶面多平滑，叶缘多无刺，硬革质，叶色常具斑纹而具有观叶性。花常呈扁穗状，单支或分歧，具有大型、耀眼的总苞而成为主要的观赏部位，观花期可达月余之久。小花短筒状，黄或绿色，花瓣合生或离生，子房上位，蒴果。

喜温暖（19~27℃）、空气流通、非直射光的较明亮环境。土壤不可过湿，待干松后再充分供水。叶面可经常喷水雾，浇灌以雨水或蒸馏水为佳，叶杯需经常贮水。

种子繁殖需10~15年才开花，因此多用母株旁的小萌蘖分株繁殖，长高至10~15厘米，用手扭下另植之，2~3年后开花。

大莺歌凤梨

学名： *Vriesea* 'Barbara'

别名： 大鹦鹉凤梨

株高50厘米、幅径30厘米，耐低温。花序较圆厚、总梗红色，长可达1米，苞片红色，革质，花期春夏季。

黄莺歌凤梨

学名： *Vriesea* 'Charlotte'

株高30厘米、幅径45厘米。花序多分歧，花梗红色，苞片黄色、基部泛红，管状花黄色，花期4个月。

红玉扇凤梨

学名： *Vriesea* 'Christiane'（*V.* 'Tiffany'）

扁平花序的总花梗红色，苞片大红色，管状花黄色，花期4个月。

橙红鹦鹉凤梨

学名： *Vriesea Draco*

花序总花梗橙色，苞片橙色、上部黄色，多分歧；管状花白色，花期4个月。

红羽凤梨

学名： *Vriesea* 'erecta'

英名： Red feather

别名： 红剑凤梨

扁平穗状花序、密龙骨状，花苞深紫红色，小花黄色。

紫黑横纹凤梨

学名： *Vriesea fosteriana* 'Red Chestnut'

别名： 莺歌积水凤梨

株高50~100厘米、幅径1.2米。绿叶密布大量红褐色横斑。生长缓慢，可耐低温。

紫红横纹凤梨

学名： *Vriesea fosteriana* var. *seideliana*

别名： 莺歌积水凤梨

株高30厘米，类似*V. fosteriana* ‘Red Chestnut’，但植株中央叶色较红紫。

纵纹凤梨

学名： *Vriesea gigantean* ‘Nova’

株高60~80厘米、幅径可达1米。叶面具青绿、翠绿的纵斑条与斑块。巨大花梗高达2米，管状花黄色。

紫黑横纹凤梨

学名： *Vriesea hieroglyphica*

株高60厘米、幅径90厘米。叶翠绿色，宽8厘米，具深绿色横纹，可耐低温。巨大花梗与苞片均为绿色，小花白色。

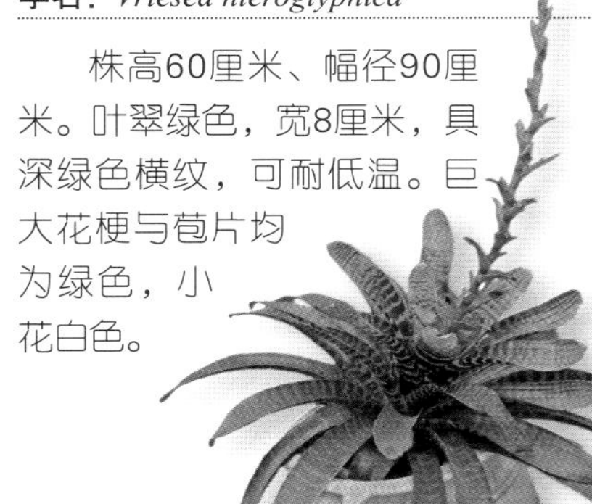

黄花莺歌凤梨

学名： *Vriesea ospinae*

株高40~50厘米、幅径30厘米。叶软质、略下垂，叶面似透光般、具不明显浅虎纹，光照充足时斑纹较明显，叶背基部的纹路偏红色。生长速度快，易长侧芽。

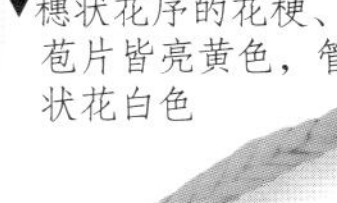

▼穗状花序的花梗、苞片皆亮黄色，管状花白色

美叶莺歌凤梨

学名： *Vriesea ospinae* 'gruberi'

株高40厘米、幅径50厘米。叶黄绿色、分布大量墨绿色横短斑条，叶背披白色鳞片，叶基横短斑紫红色。花苞黄色。

黄红苞凤梨

学名： *Vriesea psittacina*

花序总花梗红色、"之"字形生长，萼片桃红至红色，花苞黄色，管状花白色。

壳苞凤梨

学名： *Vriesea rodigasiana*

英名： Wax-shell

株高10~30厘米。线形叶，薄革质，长25厘米、宽3厘米，浓绿富光泽的叶面，叶背有褐斑点，叶基泛紫晕色。

复穗状花序有分支，花梗绿至紫红色，总苞片长度与节间相同，小花与分支排列松散、各自分离，苞片黄色蜡质，长1厘米，萼片长1.5厘米，花瓣、花蕊均淡黄色，雄蕊突出冠外。需10%~30%遮阴，耐低温，叶杯需常有清水。

紫红叶大鹦鹉凤梨

学名： *Vriesea saguanulenta*

株高50~100厘米。叶酒红色，可耐低温，繁殖期春季。

巨叶莺歌

学名： *Vriesea* 'tina'

叶片较长。暗紫红色花序长且多分歧，管状花黄色。

虎纹凤梨

学名： *Vriesea splendens* sp.

英名： Flaming sword

别名： 红花大鹦鹉凤梨

叶片挺立整齐，硬革质、线形。橄榄绿叶面上有紫褐色、横走而状似虎纹的斑条，叶背似披白粉。叶丛中抽出单支挺直的穗状花序，长50~60厘米，苞片艳红互相叠生成扁平状，苞端抽出黄色小花，个个密贴，观花期达1个月以上。

▶大虎纹凤梨（*V. splendens* cv. *major*），花序较长

韦伯莺歌凤梨

学名： *Vriesea weberi*

穗状花序，苞片桃红色，互生排列呈平面状，管状花黄色。

中斑大鹦鹉凤梨

学名： *Vriesea* ‘White Line’

别名： 斑叶波罗凤梨、斑叶火炬凤梨、斑叶波尔曼凤梨

叶深绿色，中肋具数条乳白色条纹。花序的总花梗红紫色，苞片深红色。

Werauhia

红叶沃氏凤梨

学名： *Werauhia sanguinolenta*

原产地： 尼加拉瓜、哥斯达黎加、巴拿马至哥伦比亚、委内瑞拉、秘鲁、玻利维亚

叶线形，幼株叶片较细长，成株较宽短，青绿色，光滑革质，披红色晕彩，叶背暗红色。总状花序，苞片绿色，小花白色。喜温暖明亮环境，基质排水需良好，叶杯需保持积水。

观赏凤梨

鸭跖草科

Commelinaceae

多年生常绿草本，单叶互生，叶全缘，叶脉平行，茎枝多汁粗厚，植株形态有蔓性、匍匐性或簇生之短茎直立型。花多整齐的两性花，常着生于叶腋，或茎顶簇生成聚伞或圆锥花序，花色白、蓝或粉色，多只绽放一日，花数多为3或3的倍数，蒴果。

利用方式多依株型而定，蔓性如铺地锦竹草、斑马锦竹草、紫锦草、银线水竹草、花叶水竹草等，可种成吊钵悬挂室内，亦可栽植于户外树阴下或墙角无直射光处，作为地被植物。银线水竹草、花叶水竹草等，剪枝条去除下叶直接插于水中，很容易生根，可以水培。簇生型如蚌兰及银波草，可作为室内盆景或户外丛植为地被。

本科植物观花性不多，却不乏叶色美丽的彩叶植物，且多好温暖与潮湿环境，耐阴性良好，容易照顾，生长势强且快速，病虫害不多，繁殖简单、成活容易，对环境多不苛求，不论户外或室内均适宜栽培，颇适合一般初学者种植。

Amischotolype

中国穿鞘花

学名： *Amischotolype hispida*

英名： Hispida amischotolype

别名： 山蘘荷、东陵草、独竹草、纳闹红、鞘花

原产地： 中国

茎基部匍匐状，上部直立。叶簇生于茎顶，叶片近于无柄，长15~23厘米、宽3~5厘米，叶面光滑、背面略被毛，叶鞘管状抱茎，与叶片连接的开口处被白色纤毛。聚伞花序自叶腋穿鞘而出，略呈球状，3白色花瓣、3花萼，萼片绿色肉质，花期夏、秋季。蒴果椭圆形，具橘红色肉质假种皮，其上有3分裂痕，成熟开裂。植株翠绿挺拔，适合庭园绿植美化。

▶叶倒披针形，叶端锐尖，平行脉，叶缘波浪状

Callisia

茎直立或匍匐性，肉质多年生草本植物，原产于美国东南部、墨西哥，以及南美等热带地区。

每朵花有3萼片、3花瓣，白、粉红或蓝色，径多1.5厘米，圆锥或聚伞花序，花茎具茸毛，可作为地被植物种植或种于吊钵供观赏。

斑马锦竹草

学名： *Callisia elegans* （*Setcreasea striata*）

英名： Striped inch plant

别名： 优美锦竹草、线斑鸭趾草

▼叶面有平行纵走的白色斑条，中肋白条纹特别宽

深橄榄绿叶互生，长卵形，叶端锐尖，叶背紫色。生长旺季于高湿环境，叶片斑纹会较明显，以扦插或分株法繁殖。

◀小花白色，3花瓣，花腋生

▶枝条肉质，短小时较挺立，抽长后易弯垂

翠玲珑

学名： *Callisia repens*（*Tradescantia minima*）

英名： Miniature turtle vine

别名： 铺地锦竹草

蔓性多年生草本植物，生长快速，枝条肉质柔软，可伸长1米多。叶面光泽、蜡质，翠绿色，叶缘及叶鞘处有细短白柔毛。花极小，腋生，具3萼片与3小型白色花瓣。茎节处易生根，采枝条扦插易成活。耐阴性良好，适合在无直射光处生长，为理想的室内小型细致吊钵植物。若于强光处，叶片变小，叶色转黄绿或泛紫，叶面偶尔出现紫色小斑点，且较易开花，株型丑化。当枝叶枯垂萎死时需施予强剪，剪去地面老化枝条，自茎基会再发出新枝叶。

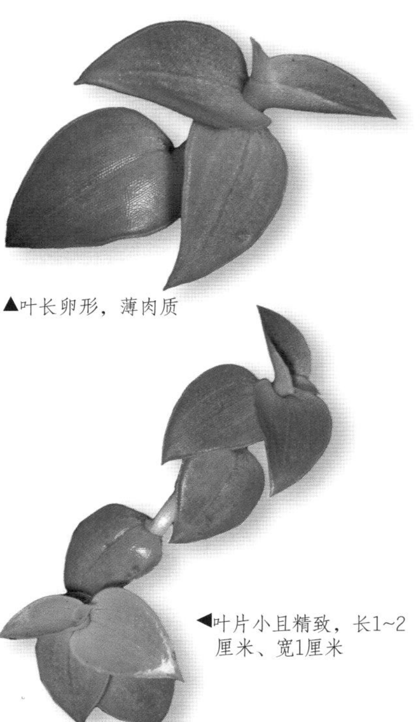

▲叶长卵形，薄肉质

◀叶片小且精致，长1~2厘米、宽1厘米

▲适合做地被

▼于荫蔽立面墙表现良好

Cochliostema

着生鸭跖草

学名： *Cochliostema odoratissimum*

原产地：中美及南美洲西部

大型莲座型植株，叶基桶状用以储存雨水，并借叶表毛状体吸收桶内水分，以应付干旱环境。叶片带状，长120厘米、宽5~8厘米。喜散射阳光、潮湿环境，土壤需排水良好，可种于庭园荫蔽处，定期施肥可维持叶色翠绿。

▲花苞淡紫白色，萼片紫丁香色，花瓣淡蓝色

▲叶面翠绿、具紫色细镶边

▲外形颇类似凤梨，花自叶基抽出

▼伞形花序，花序梗长30厘米，小花具香味

Commelina

鸭跖草

学名： *Commelina communis*（*C. polygama*）

英名： Creeping Dayflower, Spreading Dayflower, Dayflower Spreading

别名： 竹节草、蓝花菜、雞舌草、碧竹草、蓝姑草、淡竹叶菜、水竹子

▲花藍色3瓣

株高20~40厘米，茎肉质。叶面光滑无毛，全缘。喜温暖潮湿、略荫蔽的环境，忌干燥，生长适温15~30℃。聚伞花序顶生，花期春至夏季。蒴果暗褐色，呈3棱状。

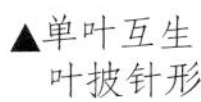

▲单叶互生，叶披针形

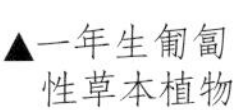

▲一年生匍匐性草本植物

Geogenanthus

银波草

学名： *Geogenanthus undatus*

英名： Seersucker plant

原产地： 秘鲁

簇生型植株，株高仅10~15厘米。叶阔卵形、薄肉质、硬挺，暗绿色叶面具金属光泽，布满银灰色平行叶脉走向的斑条。叶面如波浪般凹凸有致、银光闪闪，故名银波草。叶背、叶柄与叶鞘均泛酒红色。繁殖多以分株或顶芽扦插为主。耐阴性强，忌强烈直射日照，性喜高温、多湿，生长适温22~28℃，越冬温度须15℃以上，每年只要安然度过严冬，其他季节培育基本无问题。

Gibasis

新娘草

学名： *Gibasis geniculate（Tradescantia multiflora，Tripogandra multiflora）*

英名： Tahitian bridal veil

原产地： 热带美洲

多年生草质蔓性植物，自由分枝，茎枝紫红色，茎节处易着生不定根，枝条纤细、优美软垂状，为吊钵好材料。

小型的卵披针形叶片，叶长仅2厘米，互生，叶色浓绿，叶面平滑且富有光泽，叶背紫红色。充足日照下，于夏季绽放许多精致小巧的白花，3瓣、3萼。

生长适温10~18℃，略耐干旱，盆栽时可待表土2.5厘米内都干松时再彻底浇水，摘芯可促进分枝。播种或扦插繁殖。

▲小白花点缀于枝叶间，如含羞罩着面纱的新娘一样娇嫩可人

Palisota

红果鸭跖草

学名： *Palisota bracteosa*

莲座型植株，叶自地出，单叶丛生，短缩茎，叶柄长呈弯拱状，柄面具凹槽。宽披针形绿色叶片，全缘波浪状，中肋浅凹。总状花序，小花于叶基丛生。

▼红色浆果具观赏性

▼熟果红艳

Siderasis

绒毡草

学名： *Siderasis fuscata*

英名： Brown spiderwort

原产地： 巴西

具短缩茎的簇生状植株，叶片近地表发出，植株低矮，株高仅10余厘米。椭圆形叶，薄肉质，全缘，叶两面均密生赤色毛茸，叶缘红紫色细镶边，叶端钝而略有小突尖，叶背紫红色，叶群中央的新生嫩叶较红彩。叶片放射状平展而出，橄榄绿叶面上偶布不明显的纵走暗色斑条，叶长15厘米、宽7厘米。

自叶基冒出鲜紫色之小花，花冠径2.5~3厘米，着生于短小布满茸毛的花梗上。繁殖多用分株法，亦可播种或扦插。

较不耐寒，冬日气温16℃以下生长停顿，需移置较暖和场所。不需直射强光，室内明亮窗口、半阴处均适合生长。浇水不可过于殷勤，盆土略干松后再补充水分即可，湿潮土壤易造成叶片软垂。

▼中肋的银灰白斑条显眼而突出

Tradescantia (Zebrina)

原产加拿大南部、阿根廷北部、墨西哥、南非、巴西等地。多年生草本，茎枝初呈直立生长，抽长后因茎枝柔软而自然下垂或呈匍匐的蔓性植物，茎节处接触土壤即着生根，为良好的地被材料，也可种于吊钵中供观赏。叶多披针形、互生，花有白、粉红、紫、蓝色等，3花瓣、3萼片，6雄蕊，花丝白色被毛。蒴果球形，成熟3裂，6种子。

耐阴性佳，生长相当快速，老叶易枯卷而掉落，造成茎枝下部空秃缺叶而丑陋，可强剪或重新扦插，以重现新姿态。生长旺期可常摘心，以促进分枝发生。因生长快速，较容易老化，每年均需更新。

小蚌兰分株繁殖

小植株自母株分离另植

银线水竹草水栽

1 剪一段健康枝条

2 枝条插入水中部分需除叶

3 自节处发根

吊竹草扦插繁殖

1 剪取茎梢或侧枝5~8厘米长做插穗，并自枝节处摘除下叶

2 采用直径约10厘米的盆钵，沿缘挖4~6个洞以便埋入插穗

3 插穗直立埋入，盆钵充分浇水并喷雾水于叶片后，压实插穗周边土壤

4 覆盖透明塑胶布，并移置阴暗处

5 生长旺季约一星期即可能生根，轻轻取出已发新叶的带土插穗

6 定植于盆钵

7 注意供水，仍放置于较阴暗处数星期，稳定其生长

银线水竹草

学名： *Tradescantia albiflora* 'Albovittata'

英名： Giant white inch plant

别名： 白斑水竹草

生长势旺盛，具有肉质、嫩绿、蔓性的柔软茎枝。椭圆至披针形的薄肉质叶，叶面沿脉平行分布宽、细不等的白色斑条。叶互生，长5~10厘米、宽2~3厘米，叶片披白细毛，叶基及叶鞘处覆毛较长。

其很适合水培。将剪下的枝条，除去下部的叶片插于水中，浸于水中的枝节处会长根。养在含稀薄肥料的水中，放置室内窗口无直射阳光处，叶色水嫩可人，但须注意勤于更换瓶水，以保持清洁。耐阴性佳，强烈阳光易导致叶色黄化不美观，叶片易枯卷焦垂。适合在室内窗口、户外阴暗处生长，越冬温度至少5℃，少见病虫害。

▲伞形花序，花白色，3瓣，具白色长毛

▲叶翠绿色恍如半透明状

厚叶鸭跖草

学名：*Tradescantia blossfeldiana*

英名：Spider-worts, Inch plant

茎枝长度多不超过30厘米，紫褐红色并密生白茸毛。叶长5~10厘米、宽3~4.5厘米，橄榄绿色，叶缘略泛紫红细晕彩，叶背紫红色，密生银白色茸毛。花朵群簇着生，小型花、白色，瓣端紫粉色，小花群基部有着生成对的绿色苞片。

以扦插繁殖为主，性喜温暖、较不耐寒。另有斑叶种（‘Variegata’），差异仅叶面有乳白色宽窄不一的纵走斑条，并泛粉红色晕彩，较具观赏性。

▲叶卵椭圆形、厚革肉质，叶面蜡质

◀室内盆栽或吊钵

▲明亮强光下，植株叶色较偏紫红色

▲阴暗处呈匍匐状生长，适合作为地被

绿草水竹草

学名： *Tradescantia fluminensis*（*T. albiflora*）

英名： Green wandering Jew
Flowering inch plant

别名： 绿锦草、巴西水竹叶

株高60厘米，茎枝节间短。单叶互生，叶片宽卵至长椭圆形。叶端锐尖，中肋凹陷，叶背浅绿色。叶纸质，长1.5~12厘米、宽1~3.5厘米。小花白色、径2厘米，花期夏、秋季。土壤需保持湿润、排水良好，忌阳光直射，不耐寒，生长适温16~24℃。多扦插繁殖。

黄叶水竹草

学名： *Tradescantia fluminensis* 'Rim'

叶卵披针形，长4厘米、宽1.8厘米，黄绿色，中肋凹陷，节间短，茎枝亦为黄绿色，小花白色。

三色水竹草

学名： *Tradescantia fluminensis* 'Tricolor'

叶短披针形，长4~6厘米、宽2~2.5厘米，两面均被毛，扦插繁殖易生根，喜温暖、潮湿环境，生长适温12~25℃。

▲伞形花序，小花白色，花期长

▼绿叶具数条浅粉红色的纵斑纹

►漂亮的室内盆栽

花叶水竹草

学名： *Tradescantia fluminensis* 'Variegata'

英名： Variegated wandering jew

别名： 斑叶水竹草

较小型的鲜绿色、阔披针形叶，叶长3~4厘米、宽1~1.5厘米，似银线水竹草，但叶片较不透明，每片叶色不同，叶基及叶鞘处披细毛。喜半阴、多湿环境，土壤需疏松、排水良好，若积水会导致茎叶水烂，缺水干燥时叶缘易卷缩。天干气燥时，于叶面喷细雾水将生长较好，适作吊钵或地被铺植。多以分株或扦插繁殖，病虫害不多。

▼叶面上有粗、细不等的乳白、浅黄色斑条

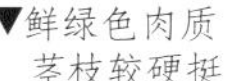

▼鲜绿色肉质茎枝较硬挺

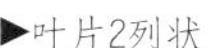

▶叶片2列状

重扇

学名： *Tradescantia navicularis*
Callisia navicularis

英名： Chain Plant

茎匍匐生长，嫩茎绿色、老茎长有紫褐色细条纹。光线不足时，茎枝抽长而软垂，观赏性较差。单叶互生，披针形叶，长2~3厘米、宽1厘米，夏季叶片因储水而肥厚呈绿色，冬季休眠期叶片扁缩、转红褐色。伞形花序自茎顶抽生，花浅紫红色，心形3花瓣，花径1.5~2厘米，雄蕊基部有毛状附属物，花药黄色，花期夏季，阳光下花期仅半天，阴天则可维持1天。

▶叶片排列如叠瓦，顶梢叶片密叠着生明显

▼叶片由中肋处向内呈"V"字形弯折

紫锦草

学名： *Tradescantia pallida*（*Setcreasea pallida*，*S. purpurea*）

英名： Purple heart

全株肉质、紫红褐色，茎枝初呈直立性、抽长后即自然弯垂，茎可抽长60厘米，可作吊钵利用。叶长6~10厘米、宽1.5~2.5厘米。花成丛自长卵形折合成船状的一对紫色总苞片中抽出。

环境适应力颇强，全日照或阴暗处均适合生长，愈阴暗处的叶色转绿而黯淡。土壤需保持湿润状，病虫害不多，为易养护植物，生长适温10~28℃，冬日不可低于0℃。早春修剪为促进新枝叶发生，修剪下的枝条可作为插穗用来繁殖。

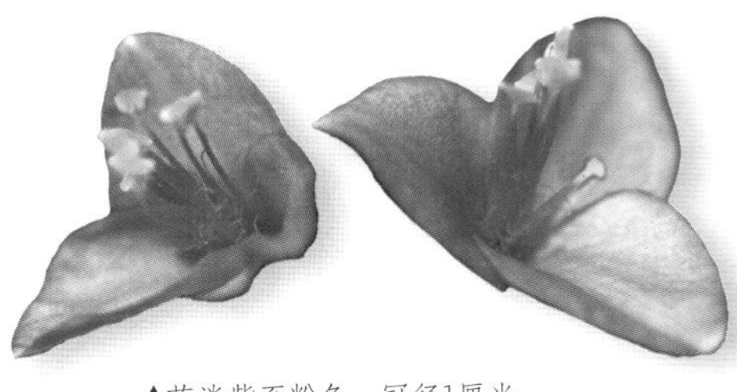

▲花淡紫至粉色，冠径1厘米，3花瓣，顶生或腋生

►披针形叶，被细长白软毛，叶缘尤其明显

▼适合做地被，强光下叶片两面均显现美丽紫红色

白绢草

学名： *Tradescantia sillamontana*（*T. villosa, T. pexata*）

英名： White velvet creeper, White gossamer

别名： 乳野水竹草、白雪姬

原产地属于干燥地区，为生长缓慢的小型、蔓性、多年生草本植物，粗圆的肉质茎较硬挺，植株较直立，叶背及茎枝泛紫红色彩。新芽叶茸毛明显、老叶较稀疏，毛茸有助于获取水分，并可防强光直射的伤害。以扦插或分株法繁殖。摘除顶芽、腋芽不易发生分枝，但茎基易萌芽发生分枝。10℃以下易受寒害，寒流来袭需加以保护，病虫害不多。

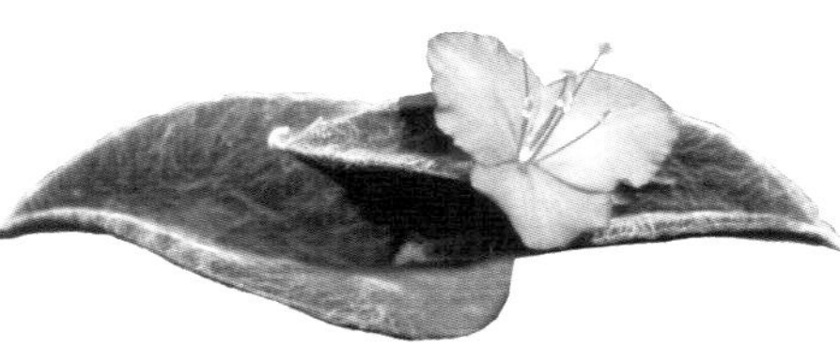

▲顶生花，3花瓣，淡紫、浅粉色花，小巧可爱

▲卵形叶二列状、互生，叶鞘抱茎

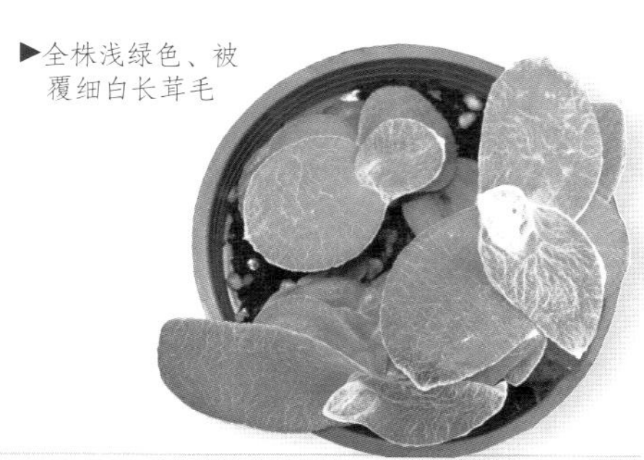

▶全株浅绿色、被覆细白长茸毛

小蚌兰

学名： *Tradescantia spathacea*（*T. spathacea* 'Compacta'，*Rhoeo spathaceo* 'Compacta'）

茎枝粗短，叶长披针形，中肋色较浅淡、凹陷状，叶端锐尖，叶基鞘状抱茎。枝叶肉质易脆，不耐踩踏，花腋生，花柄短，萼片紫红色。

▲具两片蚌壳状苞片，其内有许多白色小花

▼叶面暗绿色，具白色软毛，叶背紫红色

彩叶蚌兰

学名： *Tradescantia spathacea* 'Sitara'（*T. spathacea* 'Hawaiian Dwarf', *T. bermudensis* 'Variegata', *Rhoeo spathacea* 'Variegata'）

英名： Variegated oyster plant

别名： 彩虹蚌兰、斑叶蚌兰、紫锦兰

叶缘常泛紫，叶背紫色，具白色茸毛。花柄短，花苞内具数朵白色小花，萼片紫红色、长披针形，花瓣倒卵形。

◀叶面浅绿至深绿，夹杂乳白色纵纹

▲花腋生，具蚌壳状苞片

▲植株类似小蚌兰，仅叶色更加多彩而美丽

◀常会长出全绿的枝叶，若不及早摘除，全株都会转为绿色

紫边小蚌兰

学名： *Tradescantia spathacea* 'Variegata'

叶面深绿，偶有细白、粉红色纵纹，叶缘与叶背紫红色。

斑马草

学名： *Tradescantia zebrine*（*T. zebrina* 'Purpusii'，*T. fluminensis* 'Purple'，*T. pendula*，*Zebrina pendula, Z. purpusii*，*Z. pendula* var. *quadrifolia*）

英名： Silver wandering jew
Red wandering jew
Bronze wandering jew
Wandering Jew zebrina

别名： 吊竹草、斑叶鸭跖草、紫叶水竹草

多年生、常绿、蔓性草本植物，茎枝略粗圆、肉质，长卵形叶互生，叶端锐尖，叶基钝，叶长5~7厘米、宽3~4厘米，叶面平滑且带有光泽，薄肉质，叶背紫红色。小花紫红色，小巧而细致。

耐寒力不佳，冬日12℃以下需减少浇水，湿冷易受寒害。可接受全天直射日照，亦可耐半阴，夏天高热时宜置于树阴下较佳。繁殖多采枝条扦插，或剪枝条插在水中，亦可长根。太阴暗处生长弱，易徒长且叶色黯淡，银灰斑条较不亮丽。以散射光的明亮处叶色较具观赏性。每年3~10月生长旺季需补肥，但施肥过多，叶色亦会褪色；若叶片出现褐斑或枯卷，可能是受寒害或缺水等引起。病虫害不多见，但需留意介壳虫、红蜘蛛等为害。

▲银灰白色，但中肋呈纵走的紫红色宽斑带，沿缘亦镶有紫红色细斑边

▲于阳光充沛处，叶片因强光而泛暗紫褐色

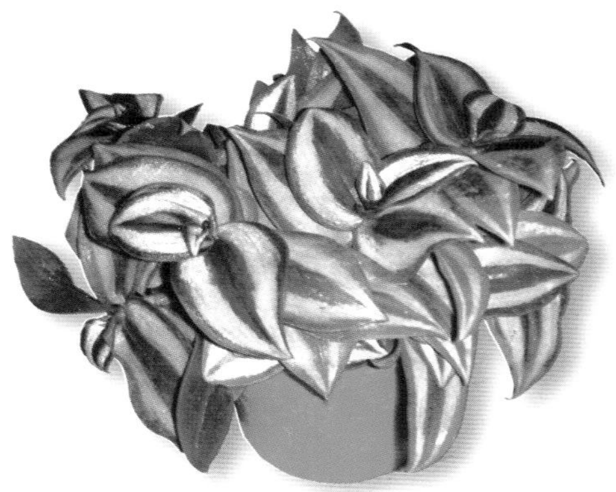
▶茎枝柔弱，多分枝，叶无柄，常植为吊盆

▼可作色彩丰富的地被

金线蚌兰

学名： *Tradescantia spathacea* 'Vittata'

别名： 黄纹紫背万年青、线蚌兰

株高30厘米、幅径30厘米，茎直立丛生，肉质易脆，叶长椭圆形，叶面深绿略带紫色、叶背紫红色，叶基具鞘抱茎而生。需遮阴，喜湿润、排水良好、偏酸性的土壤。

▲花腋生，小白花自蚌壳状苞片发出

►叶面有金黄色纵纹平行的叶脉

▼叶背紫红

Tripogandra

多年生草本植物，原产地为温暖的北美及南美，蔓性茎。小型叶片互生，花成对，白或粉红色，花萼、花瓣各3，子房3室，每室有1~2粒胚珠，蒴果。

怡心草

学名： *Tripogandra cordifolia*

茎蔓性，枝条柔软下垂，叶卵圆形，密簇着生。叶片细小，叶面径不及1厘米，绿色叶或带紫褐晕彩，叶片形似铺地锦竹草，二者均为小型叶片，但铺地锦竹草的叶端较锐尖。耐阴且好湿，以扦插或播种繁殖为主，除可作吊钵供观赏外，亦适合地被铺植。

▲白花细小

▼叶端较圆钝

彩虹怡心草

学名：*Tripogandra cordifolia* 'Tricolor'

英名：Variegated Inch Plant
Bolivian Jew 'Variegata'

别名：斑叶怡心草、锦怡心草

幼叶多呈白、粉红或红色，老叶转墨绿色，偶具宽窄不一的白色纵纹。两性花，聚伞花序顶生，小花白色。蒴果，熟时开裂，种子具棱。

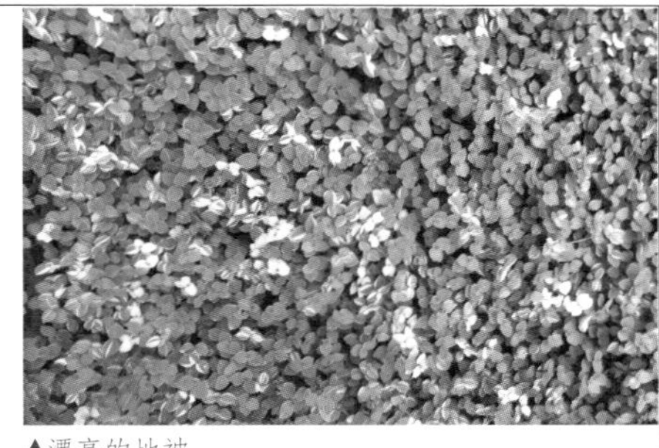

▲漂亮的地被

▶叶色多彩

▲彩叶

黄金怡心草

学名：*Tripogandra cordifolia* 'Golden'

茎肉质、红褐色，侧芽多，分枝性佳，叶近圆形，强光下叶色较金黄，给水多时叶面较光滑，叶色较突显。

▲枝紫红色

◀叶色黄绿至金黄，泛浅红色晕彩

苦苣苔科

Gesneriaceae

苦苣苔科植物多分布于热带地区，单叶多对生，植株多附生毛茸，直立型或簇生型。花单立或聚伞、圆锥花序，花萼花冠均4~5裂，雄蕊2~5枚，浆果或蒴果。以其细小种子播种，或采用分株、扦插、叶插等方法繁殖。栽培时须了解有些种类在秋末入冬后，可能因气温骤降而进入休眠期，地上部枝叶逐渐枯萎掉落，但并非死亡；至翌年春天气温回暖后，浇水就会重展新姿，只是休眠期间因停止生长，也无须再施肥或给予过多水分。

性喜温暖，耐寒力不佳，喜潮湿空气；光线忌直射、强烈的全日照，其中有些会绽放漂亮花朵而具有赏花性，为求开花良好，须放置于无直射光的较明亮环境下。土壤宜疏松、排水通气良好，建议配方为1份优质田土，1份保水性佳的基质如水苔或泥炭土，以及1份排水良好的砂土或珍珠岩，搅拌均匀使用。其中具球根者，土壤排水更需良好。生长旺季须注意浇水，土壤保持微湿润状态，植物将生长优良。适于盆栽放置室内供观赏，株型多不大，其中不乏会绽放美丽花朵的赏花性植物或叶色漂亮的彩叶植物。

Achimenes

长筒花属植物英文名泛称Magic flowers，多年生草本，原产地为热带美洲，牙买加、墨西哥至巴拿马等。花序及叶腋会产生小型的鳞片状吸芽，可用以繁殖，为其特殊之处。地上茎枝易软垂而呈蔓灌状。单叶对生或轮生，成对叶片大小多相同，偶尔差异明显。软纸质叶，卵形至长卵形，叶端锐尖，锯齿缘，叶面浓绿富毛茸。花单立、成对而生，或短聚伞花序腋生，蒴果。以其地下部根茎、吸芽或枝条进行扦插，也可播种繁殖。

栽培用土需疏松，培养土可混加粗的珍珠岩或蛭石。注意供水，根茎初植期间，因土壤温暖润湿而开始萌芽；生长活跃后，一旦忘记供水，造成土壤完全干松达一日之久，就可能再重回休眠状甚至死亡。喜高空气湿度。好温暖（16~26℃），较冷凉时易因温度骤降而受害，高温30℃以上易造成芽盲，导致芽生长停顿甚至死亡。光线以半阴为佳，10000~30000勒为宜，在湿润环境亦可忍受1500勒的低光环境；若采用人工光照，则须注意勿离灯泡太近，尤其是发热型的白炽灯，可能烤伤植物。

栽培注意事项

生长初期需浇施稀薄肥料，以含氮量高者较佳，芽冒出后再施加含磷肥料。待茎枝长达15厘米时可进行一次强剪，以促进茎枝生长粗壮且增加分支。剪下枝梢用来扦插，生根容易，甚至与母株同时开花。

培育得当于早夏就会开花直至秋季，9月茎枝下部叶片渐干枯掉落，叶腋部位长出的吸芽可摘下贮存，待来春再种。吸芽为营养繁殖体，与其地下根茎均会萌芽长成植株，因个体较小需肥培一段时间。

秋末冬初，植物进入休眠期时，可停止供水施肥。此时植株形态多不佳，将其地上部残存枝叶剪除后，盆钵、土壤与其地下部一并移至温暖（至少15℃）、避风的干爽处。亦可将其地下根茎挖出，细心清除盆土，放入塑料袋中，并掺入干燥的珍珠砂或蛭石，保存至翌年4月再取出来种。种植时，根茎采用横铺方式，在直径约13厘米的盆内平均放入3~5个根茎，约16厘米的盆则可放5~6个。覆土厚度约1.3厘米，而后注意浇水，就会冒芽生长。

其根茎状似鳞片，每一鳞片状物亦可萌芽生长，只是小型者初期生长活力较差，需肥培较久。花冠径1~8

厘米，株高多为10~30厘米或50厘米，适合在室内南向窗边栽植。培育得当可年年开花供观赏。适合钵植，采用吊钵方式，可使其长软茎枝自然下垂。自1840年杂交育种至今，品种颇多，花色有白、粉、红、蓝、紫或杂斑、混色。

长筒花

学名： *Achimenes* sp.

英名： Monkey-faced pansy
Orchid pansy，Japanese pansy，
Cupid's-bower，Mother's-tears，
Window's-tears，Nut orchid，
Magic flower，Kimono plant

茎枝柔软，具蔓性特征，叶片纸质披毛，花腋生，花冠与花萼均5裂，4雄蕊，花丝离生而粘连于花冠筒基部，4花药于顶端联合成四方形。

◀叶面深绿、叶背紫红色

▶花筒细长

Aeschynanthus

口红花属植物原产地为喜马拉雅山至婆罗洲、新几内亚。原栖息地常见它们以附生性蔓藤或矮小植株贴附树木悬垂而下，一旦茎枝抽长，就会找寻着根处，持续于其周边蔓延其植株。叶柄多短小，单叶对生，花朵观赏性高，茎枝下垂之蔓性者，可采用吊钵方式，以展现其花、叶特色。土壤需排水良好，夏季需大量供水，阳光不可直射，冬季温度可耐至13℃。

◀斑叶口红花的枝条及叶柄紫红色，绿叶面具不规则白色斑块

毛萼口红花

学名： *Aeschynanthus lobbianus*（*A. radicans*）
英名： Lipstick plant

种植普遍而颇受欢迎，为多年生、常绿蔓性植物，枝条自然向下悬垂。叶长卵形、全缘、肉革质，叶基钝圆、叶端锐尖；长4厘米、宽2.5厘米，具0.5厘米短柄。新叶浅嫩绿、明显披毛；老叶转浓绿、光滑而硬挺，叶片因强光照射而泛红褐或紫褐色。老枝条木质化，常转紫褐色。下垂枝条先端着花，短总状花序或丛生。首先形成筒状、密布茸毛的暗紫红色花萼筒；开花时，萼筒抽长约2厘米时，其内渐渐钻出花朵，花长5厘米，冠喉处带乳黄色，1雌蕊4雄蕊，每2雄蕊于花药处愈合。

晚冬初春时强剪，以促进新枝条发生，较有利于开花，剪下枝条正好用来扦插。繁殖多用枝条扦插法，成活率尚佳。采取10~15厘米长、带1~2对叶片的插穗，一半埋入湿润基质中，喷细雾水后覆盖透明塑料布，约1个月生根长新叶。生长适温21~26℃，稍耐寒。适合南方平地气候，病虫害不多见，适于一般人士栽种。虽耐暑热，但酷热、空气又不流通的环境，易生长不良。不需直射阳光，明亮的散射光场所，叶色佳且开花容易。光线强弱可由其叶形、叶色来检验，光强时叶色泛红褐，光弱则叶片大而稍薄、色绿，枝条徒长软弱状。植株颇耐干旱，较少因缺水而导致植物枯亡，却可能因供水过勤，或土壤排水不良，水分淤积盆土内，而导致根群水腐烂死，供水不均则易引起落叶。

▶筒状唇形花冠红橙鲜艳

▶花朵自毛萼中逐渐伸长而出现

▲花朵反转朝上，暗紫红色花萼筒密布茸毛

虎斑口红花

学名： *Aeschynanthus marmoratus* (*longicaulis*)

英名： Tiger stripe lipstick plant
Zebra basket vine

原产地：中国云南至中南半岛各国

附生于树干、石壁时，茎易发生不定根以攀附生长，嫩茎绿色草质、老茎木质。叶片对生薄革质，披针形，绿色叶面有浅黄绿色不规则花纹，叶背的相对位置呈紫红褐色。近茎顶叶腋会绽放花朵，筒状花黄绿色，观赏价值不高。繁殖采用扦插法，于温暖季节剪取1~2节健壮茎枝扦插，容易发根成活。适合吊盆或壁盆，高度略高于视线，以便欣赏叶背特殊虎纹。

喜好半日照与遮阴环境，室内较阴暗处，茎枝若细长软弱呈徒长现象，则需灯光辅助照明，或移至窗边明亮处。直射阳光暴晒会导致叶片黄化，而降低观赏价值。高湿环境则利于生长。栽培基质使用一般培养土即可，每季施用一次长效性肥料。

▶叶面及叶背具虎纹

口红花

学名： *Aeschynanthus pulcher*

英名： Scarlet basket vine
Climbing beauty red bugle vine
Royal red bugler
Pipe plant

蔓性、附生型常绿植物。叶长4.5厘米、宽3厘米，叶面平滑蜡质，仅中肋明显而不见侧脉，全缘，叶面青绿、叶背浅绿色。花腋生或顶生成簇，花梗无毛茸、浅绿色，花红至红橙色，裂片边缘具细小茸毛，冠喉黄色，萼筒淡绿色微染紫晕彩，平滑无毛、蜡质。

▶花冠筒形二唇状

▲卵形叶对生

翠锦口红花

学名： *Aeschynanthus speciosus*

英名： Beautiful lipstick plant

叶卵披针形，长3~10厘米、宽1~3.5厘米，全缘或稍具钝锯齿，叶端渐尖反卷。单花丛生于枝端，每群6~20朵，瓣端左右对称，瓣唇反卷，稍具毛茸。花基部渐小，中部膨大，花冠鲜橘红色，冠喉橘黄色。4雄蕊，两两结合于药端，开花期间宜弱光少水，免导致花朵早谢。多年生常绿性蔓灌，为使其株型优美，最好每年重新扦插，若仅强剪，枝条易长短不一、凌乱不整。由扦插至开花最快5~6个月，插穗宜留2对叶片，顶芽插或枝插于盆钵，盆口覆罩透明塑料布，空气润湿环境约3星期即生根，于年尾前完成扦插较佳。

喜明亮的散射光，不宜强光直射，栽培盆土宜偏酸性，肥料采用一般化学肥料及鱼粕。幼苗期间（2~3个月）需较低温（15℃）环境，浇水宜酌减，保持在干冷状态。而后就可于20~30℃的温暖环境，勤予浇水、定期施肥，开花量较多。多以吊盆种植。

▲花冠长筒唇状

▼单叶对生或轮生

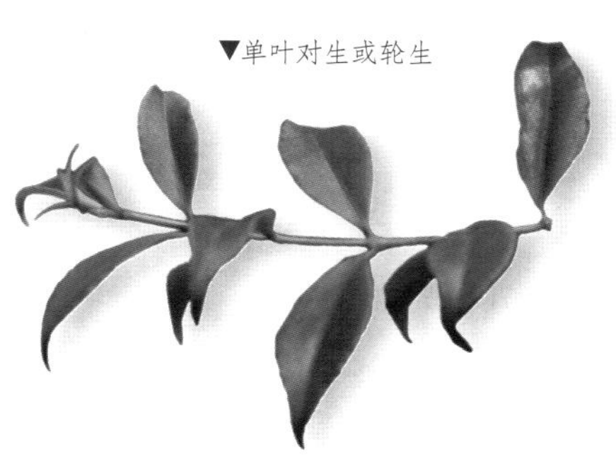

暗红口红花

学名： *Aeschynanthus* sp.

茎近木质化，叶椭圆形，青绿色，中脉凹陷，对生，叶背浅绿色，仅中脉青绿。花暗红色，花冠常弯曲，花蕊突出花冠外。

Chirita

原产于斯里兰卡、印度、中国、东南亚等地，为一年生或多年生草本植物。植株有直立型、莲座型等多种，叶多肥厚肉质，全株披细毛。花茎直立，花冠筒状，花色多变化，有黄、紫、蓝、粉红等，花期不定。繁殖以播种及叶插法为主，种子细小，好光性，基质浇湿后洒上种子即可；叶插法则需将叶片连同叶柄切下，叶柄斜插于湿润基质。花叶均美、耐寒、耐热，可于室内栽培。喜明亮散射光，可用人工光源辅助，但需避免强光直射。基质排水需良好，可用培养土混合珍珠岩、蛭石等种植，春、秋2季施用少许稀薄液肥，生长适温5~30℃。

贺都唇柱苣苔

学名：*Chirita* 'Kazu'

全株披细毛，叶披针形，深绿色，叶缘细微锯齿。花冠筒状，蓝、黄、粉红、白色都有，花期夏季。

▼植株莲座状

▲叶脉凹陷浅绿色

▼喉处具黄色斑块

▲花梗紫红色直立斜出

爱子唇柱苣苔

学名： *Chirita* 'Aiko'

为*C. subrhomboudea*×*C. lutea* 的杂交种，株高30厘米，茎直立，全株披紫红色细毛。叶长8厘米，浓绿色，叶脉向下凹陷，中肋较明显。花黄色5瓣，花萼紫红色，花筒白、黄色，偶有浅紫色，花期春季至夏初，冬季休眠。土壤需排水良好，生长最低限温-1℃。

▼紫红色总花梗直出

◀花冠筒状下垂

小龙唇柱苣苔

学名： *Chirita* 'Little Dragon'

为一杂交种，株高15厘米，植株莲座状，具匍匐茎。叶肉质深绿色，叶片中肋凹下色浅，叶端红褐色，红褐色花梗直立，花浅紫色。

▶全株披白色长毛

光环唇柱苣苔

学名： *Chirita* 'Nimbus'

为一杂交种，植株莲座状，叶阔披针形，青绿色，叶背浅绿色。聚伞花序，花冠钟形，粉紫色，喉部黄色，花萼红褐色、线披针形。

▼花梗紫红色斜出

◀叶中央以及侧脉浅色斑块

焰苞唇柱苣苔

学名：*Chirita spadiciformis*

铲形叶，纸质，深绿色，长8厘米、宽4厘米。聚伞花序，花序总梗长6厘米，苞片1枚，佛焰苞状；5花萼，裂片等长，线披针形，全缘，端渐尖；花冠蓝至浅紫色，下唇具1黄色斑点，长3厘米，花期8月。

▲全株披細毛

▼叶脉凹陷、浅绿色

流鼻涕

学名：*Chirita tamiana*

株高15厘米，叶面青绿色、叶背银白色。花冠钟状，花白色、喉处具两条暗紫色斑纹，看起来很像流鼻涕而得名。以细小种子繁殖，种子发芽需较多水分。喜阴凉环境，喜欢钙质，可用硬水浇灌。

▼叶片茸毛明显

▶此植株因光线不佳而徒长

Chrysothemis

多年生草本、球根花卉，具地下块茎，地上茎直立，易生侧枝。单叶对生。花萼筒状，五角形，具翅翼角，裂片三角形、橘色，宿存较久，而可观赏数周。花冠圆筒形，浅鹅黄色，冠端有5个圆形裂片的花瓣，呈两侧对生，花冠内侧具红斑线纹。4雄蕊，花丝黏生于花筒基部，花药合生。

以块茎繁殖，亦可剪下枝腋处发生的短枝进行扦插繁殖。盆栽用土须肥沃、疏松。生长旺季注意浇水，盆土需常保持适度湿润、不得干透。若已进入休眠，就要减少供水。喜明亮的散射光，直射光不宜，可人工照明辅助，光不足茎枝节间易抽长，植株直立性不佳，外观丑陋。生长适温16~26℃，18℃以下易停止生长而进入休眠期。

植株高大需在花期过后修剪。只要环境得宜，并给予良好适当的养护，植物将生长良好，并维持全年常绿，除非低温进入休眠。

金红花

学名： *Chrysothemis pulchella*

原产地：西印度群岛

株高30厘米，茎肉质四方形，似有狭翼。叶长卵形，对生，青绿色，长15~30厘米、宽7~15厘米，羽状侧脉8~10对。叶端锐尖，叶基渐狭，叶缘锯齿，叶背带紫色晕彩，脉纹明显。花期春夏季。

▼聚伞花序腋生，4~8朵花

▲叶面密布浅色短茸毛

Codonanthe

多为附生型、亚灌木或蔓藤，原产于热带美洲之南，墨西哥至巴西南部及秘鲁的低海拔森林。茎节处易生根附着，而蔓延其个体。枝叶及花朵均纤细可爱，适合南方平地的室内环境。

中美钟铃花

学名： *Codonanthe crassifolia*

英名： Central American bell flower

蔓性茎红褐色，披白色细毛。卵形叶长2~4厘米、宽1~2厘米，对生，短柄，肉革质，淡橄榄绿色，叶背具红色腺点，中肋与叶端泛红。蜡质花冠白色，花冠基部圆形，至冠喉处渐大，花梗短小，花萼裂片线披针形，披细短茸毛，具红色腺体。浆质蒴果卵球形，长0.8厘米，成熟时红艳欲滴，观果性高。可播种繁殖，新鲜种子易成苗，一般多用扦插法繁殖。喜半阴环境，散射光照以10000~30000勒为宜。好温暖，生长适温16~26℃。基质以富含有机质的疏松土壤为佳，每次浇水须足量，待盆土干后再一次浇透。对于一般室内稍干燥（相对湿度50%~60%）空气环境可忍耐。除适合室内吊挂外，亦可种在蛇木板上，让其茎枝自然垂落。

▼花1~3朵腋生，易开花

▼管状花歪拖鞋状，冠喉处具豹纹

Columnea

鲸鱼花英名为Goldfish plant，原产于热带美洲、南美及西印度群岛。于原生长地为附生型植株，常贴生于树干，而垂悬其茎枝及花朵。多年生草本、亚灌木或蔓性，茎枝硬直或软垂。单叶多对生，由同一节处发生的2叶片，其形状及大小可能不同；叶多为椭圆、卵或披针形；革质或薄肉质，全缘具短柄。花单立或群生于叶腋，花冠常朝下绽放，冠端如一张着口的鱼，故名“鲸鱼花”。管状花冠二唇状，左右对称，上唇4瓣裂，下唇分开为2。有4个椭圆形的花药黏生成正方或长方形，花丝基部则黏生于冠筒基部，5萼片。花色鲜艳有红、黄、橙及粉红，主要花期为夏季，少数种类在春天或冬天开花。花后结出扁圆形、果面平滑的象牙白浆果，果内有许多小型、光滑的种子。

繁殖方式除播种外，可分株、顶芽插或茎段扦插，于口径约10厘米的盆内放入5~7个插穗，黏附生根粉，约5星期后生根，2个月后摘心，再过2个月即可定植于口径13~16厘米的盆钵。

喜好明亮的非直射光环境，以10000~30000勒适宜。夏日光强时须加遮阴，冬日阴暗则尽量移置较明亮之室内窗口，至少需光1500~2500勒。性喜温暖（16~26℃），有些种类须低至12℃才会于翌年开花。夏季酷暑时，须移至冷凉通风处。高热又多湿时，易引起茎枝软腐而死，发生时立即将未软腐仍健康的茎枝切段扦插，植株尚可能存留。栽培用土壤须疏松、排水快速，可混加蛇木屑；土壤不可含石灰质成分，宜偏酸性。生长旺期须勤浇水，盆土常保持湿润状，于酷暑或寒冬期间则须减少供水，冬季进入休眠期喜干冷环境，土壤稍干爽反倒有利。生长及开花旺期加强施用高磷肥料，注意介壳虫危害。为促其花芽形成，每年花期过后进入休眠时期，或早春季节，可修剪老化茎枝，以刺激新枝形成，较有利于未来开花。

▶斑叶种

立叶鲸鱼花

学名：*Columnea banksii*

株高20厘米，会攀缘树上附生，具粗壮直立的绿色茎，茎节略凸、泛浅红色晕彩，易过长而下垂。叶披针形，青绿色，厚革质，中肋凹陷。花披红色长毛，红花喉部黄色。喜高湿度环境，多借由蜂鸟授粉，可种于吊篮中，生长适温17~28℃。

▼红色花腋生

▶全株披白色长毛

红毛叶鲸鱼花

学名：*Columnea hirta*

茎枝绿色、披红色短毛。叶椭圆或卵形，长3~4厘米、宽1~2厘米，中肋凹陷，叶背红褐色。花冠长5~6厘米、管筒部长3.5厘米，披针窄形的侧唇，花丝平滑无茸毛。萼片披针线形，长1.5厘米，全缘或有2对锯齿，具茸毛，花期3~4月，浆果白色。

▶管状花橙色至红橙色

▲叶面绿褐色、密生红色茸毛

纽扣花叶鲸鱼花

学名： *Columnea microphylla* 'Variegata'

英名： Small leaved goldfish vine

茎枝被红褐色茸毛。叶片小巧可爱，状似纽扣，叶长仅约1厘米，柄极短小。花多于春、夏季绽放，花数颇多，二唇状花冠、猩红色，冠喉及下唇基部有一明显的黄色斑块。花冠总长5~8厘米、冠筒长2.5~3厘米。花冠单立，具萼，全缘或稍具锯齿，绿色被白茸毛，偶泛红晕彩。稍耐阴，生长适温18~21℃，夏日喜潮湿，又值开花盛期，需注意供水与施肥。冬季则盆土需保持干爽，以促其花芽形成，利于翌年开花。

▲适合种成吊钵，让枝叶自然悬垂

◀绿叶中肋黄绿色

▲阴暗处易徒长，茎枝抽伸过长

◀节间短、未徒长

鲸鱼花

学名： *Columnea magnifica*

茎枝硬挺、直立向上生长，但抽长后亦会呈下垂现象。叶长8~9厘米，绿色，中肋凹陷。花橘红色、喉部黄色，单立于1~2厘米长的花梗，萼片绿色多毛茸，与花梗约同长，花冠鲜猩红色，长6~7厘米、筒部长3厘米，披软茸毛，花丝短小亦密布茸毛，花期9月至翌年5月。多以扦插、分株或播种法繁殖。喜温暖湿润、半阴环境，生长适温18~22℃，枝条易腐烂，喜疏松、肥沃、排水良好的砂质壤土，适合以吊盆栽植。

▲叶十字对生，披针形

▲全株被白色细茸毛

黄花鲸鱼花

学名： *Columnea tulae* var. *flava*

茎枝红褐色，过长时会自然下垂。叶披针形，深绿色，叶脉凹陷，叶背紫红色。花黄色，腋生，浆果白色。

斑叶鲸鱼花

学名： *Columnea* 'variegate'

全株披白色细毛，叶柄及茎枝红褐色，小叶对生，叶面中脉凹陷、叶背灰绿色，叶柄短。花红色，腋生。

▲绿叶两面皆具不规则黄色块斑

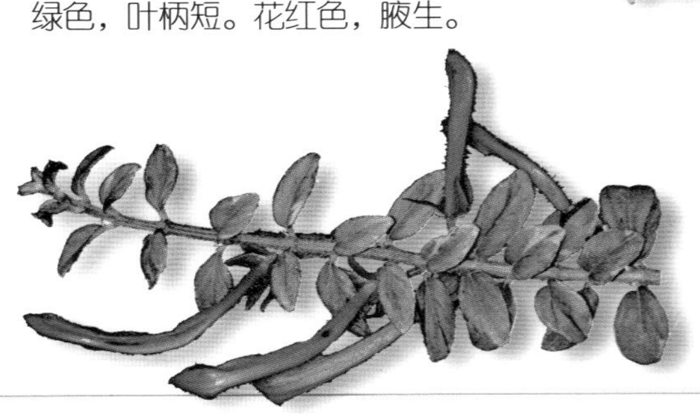

◀花冠弯垂状

Episcia

喜荫花属植物不多，原产地多分布于南墨西哥至巴西的中南美洲地区。叶片簇生于短缩茎，具走茎，长可达30厘米，走茎末端会生叶片。适合吊钵，让走茎自然下垂。株高25厘米，全株披毛茸、根系细密。叶椭圆形，十字对生，质软，叶面粗糙。羽状侧脉，叶缘锯齿。绿叶偶泛红晕，中肋及羽状侧脉常呈银灰或浅绿色，但不同品种亦会有其他叶色，如铜色、巧克力色或粉色等。

花冠径1~1.5厘米，管口平展的花瓣5~6裂，两侧对称，雄蕊多不伸出花冠外，花期多为夏季，花色以鲜红、绯红、橘红或白色为主，每年花后修剪以利日后开花。根系浅、根群不多，多分布于疏松的基质表面，以支持其庞大的地上部及走茎。

繁殖方法

• 播种

种子细小，基质宜质地纤细，直播于土面、不需覆土。盆钵下置水盘，注入稍温暖的水，盆钵上覆盖透明玻璃或塑料布，放在明亮、非直射光处，1~2星期种子发芽。发芽后给予充足照光，苗高2.5厘米可假植于盆钵。

• 叶插

自健康母株连柄切下中、大型叶片，将柄基埋入基质，或用水插法，但生根慢且不易成功。

• 吊株

生长快速容易。将走茎末端的吊株根部埋入土中，不要放在强光处，于土壤温度20℃时生根较快。

土壤若排水不良或浇水过于频繁，近地表处的短茎经常浸于水中易腐烂，或发生所谓的根腐病。浇水时，水滴不宜长期停留于叶面，或浇用的水温与叶面温度差异大，较易发生叶斑病，即叶面产生褐斑块而有碍外观。若叶面滞留水滴，又经直射强光照射，容易产生叶烧病斑。

喜好稍高的空气湿度（45%~75%），湿度愈高生长较佳且有利开花，尤其于高温干燥的夏天，更喜潮湿空气。位于自动、定时喷细雾的温室中生长较好。亦可用大型浅盘，内装小圆石或无菌土颗粒，注水后，盆钵放置其上，植株如置身于一局部多湿的小环境。

须注意追肥，生长旺季4~9月可于每次浇水时一起施用约1/4浓度的化肥，或1~2周施用一次完全浓度的肥料，另外亦可以高磷肥与鱼粕（弱酸性）交替施用。

南方平地室内温度多可接受。冬日须注意寒流，12℃以下易造成植物地上部死亡，叶片变黑而脱落。此状况发生可移置稍温暖处，根若没有死，仅地上部进入休眠状态，翌年还会再发新叶。

栽培注意事项

喜荫花顾名思义需要稍阴暗的环境，忌强光直射。若只欣赏多彩叶片，朝北窗口光线亦足够。但若希望欣赏花朵，至少需5000~8000勒的光照，如放置于东、南向的窗口。较非洲堇需光更多些，可辅助灯光，每日照光14~16小时，可促进生长开花。叶面若出现褪色现象，可能是光线太强，须移置较暗处或远离人工照明。

盆钵宜用浅钵，土壤需疏松且排水良好，培养土多混加珍珠岩、蛭石，有益根群生长。与本科的其他植物比较，喜荫花的土壤需湿性更强。除天寒之际须减少供水外，其他时日土壤需常保持适度润湿，但切忌盆钵长期放在积水的盛水盘中，造成土壤浸水。

乡村牛仔喜荫花

学名： *Episcia* 'Country Cowboy'

茎枝柔软呈匍匐性，具走茎，全株密披白色细毛。叶十字对生，厚革质叶，新叶红褐色、老叶色转深绿，中肋凹陷、银色，叶脉明显。花腋生，红色，5花瓣。

喜荫花

学名： *Episcia cupreata*

英名： Flame violet, Peacock plant

叶长5~10厘米、宽3~6厘米，叶深墨绿色，泛红褐色晕彩，中肋及羽侧脉明显呈现银灰色。生长适温18~26℃，高温之际可喷雾水于植株四周以降温，但不可多量喷于叶片。

▲种植于吊钵，展示小吊株与走茎

▼花长管状

►绯红色小花单生

红叶喜荫花

学名： *Episcia cupreata* sp.

英名： War paint

走茎多，全株披白色细毛。叶粉红色，叶缘墨绿至深褐色。喜明亮散射光，忌强光直射，冬季须注意保暖，不耐寒。

紫花喜荫花

学名： *Episcia lilacina*

株高15厘米，具匍匐茎，叶轮生，全株披倒钩状白细毛。椭圆形叶深绿色，叶缘钝齿、毛边，叶柄红紫色。花淡紫、天蓝色，总状花序，白色花筒细长，花期9~12月。

▶叶面中肋呈灰白色斑条

银天空喜荫花

学名： *Episcia* 'Silver Skies'

株高15厘米，具匍匐茎，全株披白色细毛。叶对生，叶面银绿色，近叶缘色彩变墨绿灰褐色，叶缘锯齿状。花红色，生长适温10~35℃，盛夏强阳不耐，须部分遮阴。小吊株可用以繁殖。

▶阴暗处，叶面银光暗淡

▲易形成小吊株

▲具赏叶性之优良地被

◀光线强，叶面泛银光

Kohleria

艳斑苣苔

学名： *Kohleria* sp.

原产地：中南美洲

株高10~50厘米，地下部具鳞茎，冬季寒冷时地上部叶片会萎凋，以鳞茎越冬，全株布满细毛。叶柄短，单叶对生，椭圆形叶，中肋黄绿色，叶缘细锯齿，叶脉浅凹。花腋生，伞房花序，花色有绿、红、粉红、橘等，依品种而异。花冠筒状，花期春至秋季。

▼平展花冠布红色斑点及放射状斑条

▼叶面深绿至墨绿色

Nautilocalyx

彩叶螺萼草

学名： *Nautilocalyx forgettii*

原产地：哥伦比亚

全株披白色长毛，粗壮茎及叶柄红褐色。叶长10~15厘米、宽4~6厘米，中肋及叶缘暗紫褐色，叶缘细小锯齿。花冠白色钟形，冠喉黄色，腋生。繁殖以扦插为主。

▲叶亮绿色，叶脉凹陷

◀叶背中肋与主侧脉紫红色

Nematanthus

袋鼠花属植物曾归于*Hypocyrta*属，现已改列为*Nematanthus*属，与鲸鱼花为近亲，原产于中南美洲。此属植物英名为Gold fish plant（金鱼花），国内多泛称袋鼠花，乃因其长筒状花朵，形成一膨大似袋鼠般的肚腹，两端却又缩小尖细，又名口袋花、河豚花等。

多年生、常绿性、草本或亚灌木，亦有蔓性者，株高25~60厘米，适于钵植或做成吊盆欣赏。单叶对生，叶椭圆形，全缘，具短柄，叶面平滑或附生茸毛，叶片略厚实，叶色绿或黄斑、紫褐色等。长筒状的合瓣花，瓣端具浅缺刻，冠筒长1~5厘米，花色有橙、红、黄、粉等，或杂斑品种。花多单立腋生，具萼片。繁殖多用扦插法，以顶芽插较容易。

喜明亮的散射光，基质排水需良好，浇水量需适度，稍具耐旱力，需待表土干松后再浇水。夏季闷热易生长停顿或造成落叶现象，冬季气温骤变时也易落叶。

袋鼠花

学名： *Nematanthus glabra*（*wettsteinii*）

英名： Clog plant, The candy corn plant Glod fish plant

红褐色茎枝直立生长，茎节明显，茎枝过长后会略下垂。叶椭圆形，长1.5~2厘米，缘略向后卷，肉革质，富光泽。花鹅黄至红色，蜡质，花瓣端有一细环紫边，冠筒长约2.5厘米，萼筒黄绿色，具纵走棱脊。环境得当可经年开花，适合立式盆栽或吊钵。12月至翌年2月低温短日照时，应减少供水，尤其温度降至10~14℃时，植株可能呈休眠状。

◀需常修剪，使株型丰圆，观赏性更佳

▶小植株即会开花

▼叶背中肋具红色斑块

▶膨袋形管状花腋生

▶单叶十字对生

斑叶袋鼠花

学名： *Nematanthus glabra* 'Variegata'

绿叶椭圆形，叶缘具乳白色不规则斑纹，叶背灰白绿色，中肋明显。花腋生，橘红色，花冠多5裂。

橙黄小袋鼠花

学名： *Nematanthus wettsteinii*

英名： Goldfish plant

株高15~30厘米，茎直立，老茎渐木质化，过长易下垂。叶椭圆形，厚革质，深绿色具光泽，叶背中央具红褐色块斑，小花橙黄色，花冠5裂，花期夏季，全日照开花较佳。

红袋鼠花

学名： *Nematanthus* ' Tropicana'
（*N.* 'Moonglow'）

原产地：澳大利亚、中南美洲

植株较袋鼠花高大，株高40~60厘米，紫褐色细长枝条。叶柄短，叶椭圆形，长2~5厘米，叶面中肋凹入、叶背隆起，叶色浓绿光滑，叶背中肋红褐色。花红色腋生，花萼浅绿、带有紫红色晕彩，蜡质花朵似塑料花。

▼光线差，植株已徒长

▲花冠黄色，筒外具纵走紫红色斑条

Primulina

爱子报春苣苔

学名： *Primulina* 'Aiko'

莲座状植株，叶披针形，叶脉浅绿凹陷。深褐色花梗细长直立，小花黄色，长筒状，花近瓣端披紫色晕彩，伞形花序顶生，下垂状，花瓣5裂，萼片披针状，紫褐绿色。

狭叶报春苣苔

学名： *Primulina* 'Angustifolia'

具叶柄，叶长披针形，深绿色，叶缘锯齿状，叶背浅绿色。花梗绿色，粗壮直立，伞形花序顶生，小花浅紫色，花瓣5裂，裂片紫色较深，喉部黄色，全花除裂片外皆披白色细毛，花期夏季。

▶叶脉具肋骨状银绿色块斑

小龙报春苣苔

学名： *Primulina* 'Little Dragon'

长椭圆形绿色叶片，较特殊的是全株，尤其是叶片密布长长的细茸毛。

卡茹报春苣苔

学名： *Primulina* 'Kazu'

植株莲座状，全株披红褐色细毛，叶脉凹陷。花梗细长，直立或斜伸，绿色偶呈红褐色，筒状花浅紫色，花瓣5裂，裂片紫色，喉处橘黄色。需避免强光直射，基质需排水良好，生长适温5~30℃。

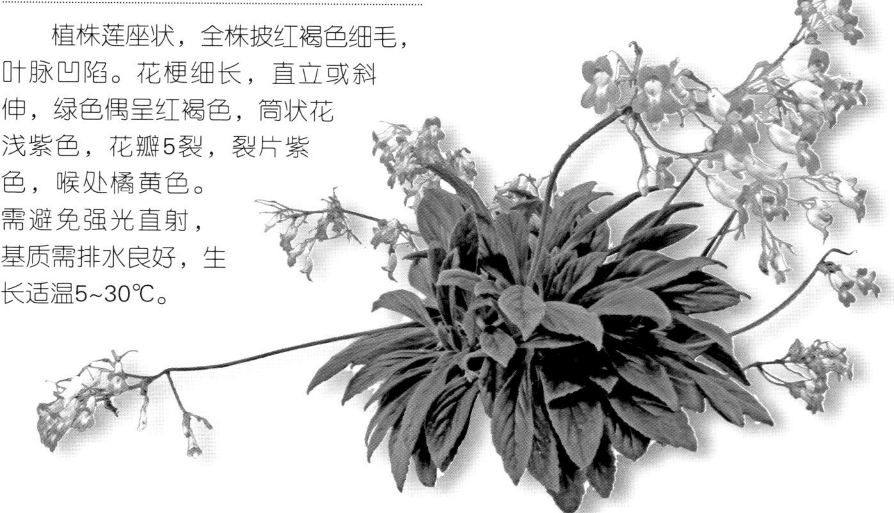

报春苣苔

学名： *Primulina tabacum*

原产地： 中国

叶圆卵形，基生，有柄，叶基浅心形，两面被短柔毛，叶背被腺毛，叶柄两侧有波状翅翼。聚伞花序，小花3~7朵，苞片2，狭卵形，被腺毛，花萼5深裂，裂片披针形，被褐色腺毛，花冠紫色，高脚碟状，长约1.2厘米，被短毛和腺毛；花瓣5裂，裂片圆卵形。蒴果长椭圆球形，种子暗紫色，密生小乳头状突起，花期8~10月。

▲叶缘浅裂或浅波状

▲花梗被红褐色柔毛及腺毛

Saintpaulia

非洲堇

学名：*Saintpaulia ionantha*

英名：African violet

原产地：东非

又名非洲紫罗兰，多年生，茎有短缩茎与蔓性茎两种，但多为短缩茎型，叶片似自地际丛聚着生。叶有柄，柄长短除依品种而异，亦因日照多寡而改变，光强柄短、光弱柄长。单叶，叶形多样，有心形、卵形、圆形、椭圆形等，叶缘有全缘、锯齿、波皱、细折或丝裂等，叶色绿、蓝绿或撒布大小不等的斑点，缘镶斑色等。叶背绿、浅绿或带有紫红晕彩。叶肉质，可贮存水、养分，叶面密布细毛茸。

花序自叶丛中抽出，花有单瓣（5花瓣）及重瓣、半重瓣者，瓣缘平展或波皱；花型有一般型、星型等。花色有白、粉、红、紫、青、蓝、紫红等纯色，或有斑条、斑块，散布斑点及缘色等变化。

植株小巧可爱，为精品级盆栽。若照顾得宜，光线充足，一年四季开花不断，没有所谓的休眠或落叶期间。花色多，个人也可以学习杂交育种从而获得意外惊喜。花色、花型变化无穷，可不断收集新品种。

繁殖方法不困难，具植物栽培经验者很快就掌握诀窍。繁殖三大基本要点如下：

- **时期**：春天气温较适宜，但一年中任何时期都可繁殖。
- **温度**：扦插适温至少19℃以上，播种至少22~24℃。
- **基质**：细碎的水苔与等量的蛭石混匀使用，扦插、茎插或播种均适合。

栽培注意事项

土壤

富含有机质的土壤，需疏松、通气、多孔质、排水快速且肥沃，微酸性（pH6.4~7.0）。栽培基质于上盆前可用药剂或高热消毒，以杀死病菌及杂草种子。无土基质配方比例以2：1：1的水苔、蛭石、珍珠岩等量体积；或培养土、水苔与蛭石（或珍珠岩）各一份混匀使用。

盆钵

多孔材质的素烧盆优于塑料盆，有利于过多水分的散失以及通气，但浇水次数也须增加。因其根群浅，盆钵可采用广口径者，深度较浅无妨。盆钵口径依植株大小采用6~20厘米的盆，深度是口径的1/2~3/4即可。若使用过大盆钵，易导致营养生长旺盛，却不利于开花。因为过多的空间，使植株不断地想扩充其根及地上部叶群，直至根群于盆内近于溢满时才会转移至开花。

光线

室内南向窗口光线直射且强，仅冬季可将盆栽放此处，夏季若放此处需加设窗帘纱，滤过光线后就较适合。北向窗口光线微弱，仅盛夏前后可放置此处。东向窗边较理想，光源非直射光却够亮。西向窗口下午光线嫌强，需加窗帘遮挡。要终年开花不辍，光线为最大影响因子，需够明亮。光太弱除影响开花，叶柄也会抽伸变长；但光线太强，叶片黄化不美观。

水分

浇水不当，尤其浇水过量更易引发危机。常见病害茎冠腐烂，多因土壤排水不良再加上浇水太多所引起；造成植株中央的茎顶褐黑化而后水腐状，叶柄自基部腐烂掉落。若发生早期可予以换盆，采用排水良好的疏松基质，并减量浇水。若已落叶，叶片本身尚健康，则可切除腐烂柄基，用来叶插繁殖。已无法可救时则丢弃勿感染他株。

- **何时浇水：**用手指尖探试，盆土表面1.5厘米深度内的表土都呈干松状态时，即需浇水了。当叶色黯淡无光彩，叶缘反曲、缩皱时，需立即多量补充水分。
- **浇水方法：**使用室温的水来浇灌，太冷凉的水滴到叶面，以及阳光直接照射潮湿叶面，易于叶面形成褐斑块，

一旦形成，不会自行消失，只有尽量避免前述现象发生。

- **上注法：**用细嘴水壶自叶丛间隙注入，盆底的贮水盘不得蓄水，浇水后流出的多余水分需尽快倒掉。
- **下注法：**清水直接注入盆钵下方的贮水盘，水分会由盆底洞慢慢地渗透进入，约2小时后，再将贮水盘中未被吸收的水倒掉，并检视水分是否已达表土。

上注法与下注法可交替使用，顺便将多余盐分清除。

- **棉线吸水法：**此法较持久，若长时间无法浇水时可采用。可用一条粗棉线，一端由盆钵底洞穿入或由盆面表土内塞入，粗棉线另一端放入满水盘，水分会借棉线经毛细作用进入盆土，适量而不会过度。

温度

在人们觉得舒适的温度下，非洲堇也生长良好。日温22~24℃及夜温20~21℃较理想。但能容忍的极限温度范围也颇有弹性，视品种而异，夜温可低到7~10℃。但只要气温逐渐改变，植株多不致出现问题，但气温骤变较易受害。

冬日温度降至16℃以下时生长渐缓

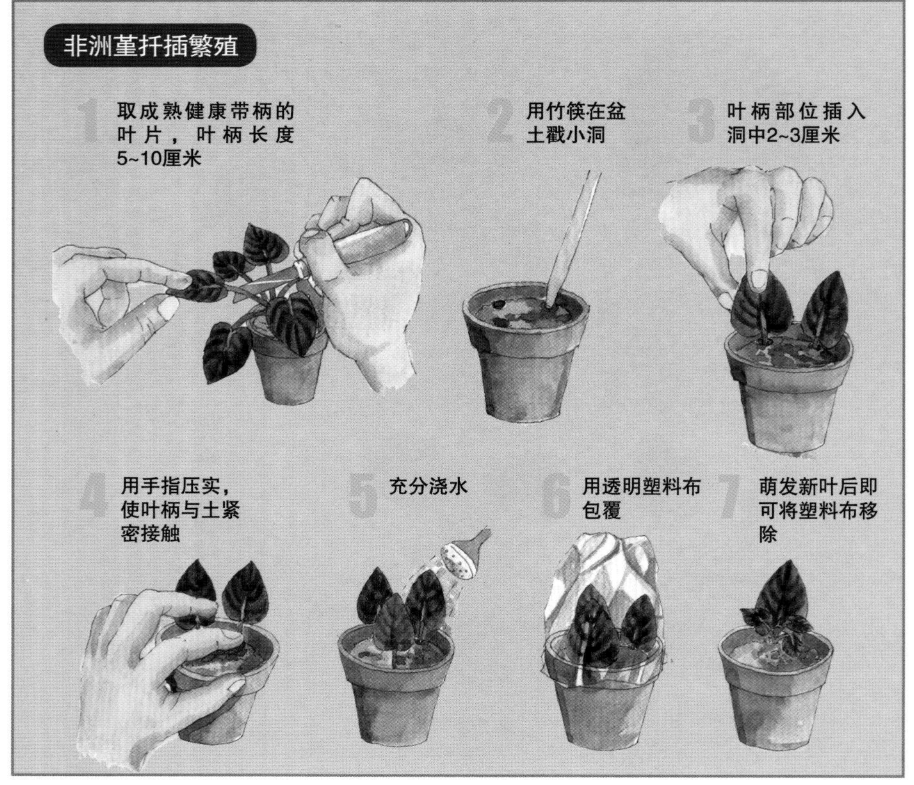

慢、开花也稀疏。而夏天气温持续30℃以上多日时，株型会改变，花苞未绽放即萎落。非洲堇较喜冷凉而厌恶燥热。

空气湿度

在原始生长地，如坦桑尼亚，空气湿度在70%~80%。空气相对湿度较高，叶色润泽、花开得多且大朵，吸收养分能力增强，即使光线稍差也无大碍，因此提高空气湿度有利于植株开花与生长。

通风

在闷热、空气不流通场所，病虫害繁衍速率惊人；亦忌强风吹拂植株，因此盆钵间距离至少15厘米以上，室内有微风吹送的场所较理想。夏天燥热时须借风力来降温，室内空调使人舒适，非洲堇也感觉凉快。

施肥

施肥不足营养缺乏，会使叶、花的色彩黯淡不鲜丽，且容易招致病虫害侵袭，使植株衰弱。盛花旺期，至少须停肥1个星期，尤其是大花品种。光照度低的冬天或云雨日，生长速率减缓时，亦须减量供肥。

繁殖或换盆填装新土时，不必急于施肥，至少可停肥1个月，因繁殖时并不需要肥分，土壤内原有肥分已足够。植株显得不健康时，亦需停肥检查原因。

施肥前土壤须充分湿润，干燥的粉状肥料不可近根处撒施。生长旺季用约种植盆钵体积15倍的清水，自盆面表土向下淋洗，以清除盆土内蓄留的有害多余盐分，每月进行1次。有机肥料与化学肥料应交替使用，以取其优点、避缺点。

施肥过量时多余的盐分会蓄留在盆缘，当叶片或叶柄碰触到盆钵壁沿，因接触造成触点处软垂，并发生褐斑、锈斑。应将发生状况的叶片或柄切除，再用多量水分将盆内余留盐分淋洗去。

病虫害

提供适合的生长环境与管理，只要植株健康，就可以降低病虫害感染。新进盆栽与原有者，最好隔离1个月，至少相隔45厘米，以免新盆栽带来未知的病虫害，传染给原有植物。常见害虫有白蝇、蓟马、介壳虫、粉介壳虫、红蜘蛛等，可喷药剂除虫。

其他

要经常将烂叶、萎花等除去。因其叶面满布茸毛，易吸附空气中的灰尘，可用室温的清水，以细雾冲洗全株，或使用软毛刷清扫，使叶面干净亮丽。

▼叶面茸毛多，可吸附尘埃

◆非洲堇单瓣多种花色

◆非洲堇重瓣多种花色

◆非洲堇斑叶品种

◆斑叶迷你非洲堇

Seemannia

小圆彤

学名： *Seemannia sylvatica*
（*Gloxinia sylvatica*）

英名： Hardy Gloxinia，Bolivian Sunset，Bolivian Sunset Gloxinia

原产地： 玻利维亚、秘鲁、巴拉圭、巴西南部、阿根廷北部

又名圣诞铃。全株有毛，地下具发达走茎，休眠期根茎末端肥大部可作繁殖材料。叶披针形，长6~10厘米、宽2厘米。总状花序，囊状花，花喉部黄色，具橘色细沙状斑点，5花萼线形，花冠5裂，花期秋末至初春。另有植株较矮小、花与叶皆圆短，株高15~20厘米的矮性种。亦有植株粗壮高大、叶片与花都较长，株高30~50厘米的大型种。

▲地上茎直立或斜伸，红褐色

►叶面墨绿略具光泽，触摸质感粗涩

▼花梗细长达5厘米以上，自茎顶生出

►叶面被细茸毛

▲花橘色或橘黄色

Sinningia

球根多年生草本植物，原产地为中、南美洲，尤其是巴西。多具鳞茎或块茎，全株披茸毛，花朵较大且色彩鲜艳。喜多湿温暖、遮阴良好之环境，以及富含有机质的疏松土壤。有许多栽培品种与变种。

艳桐草

学名： *Sinningia cardinalis*
（*Rechsteineria cardinalis*）

英名： Cardinal flower, Helmet flower

落叶性多年生球根花卉，具有地下部块茎。株高约30厘米，全株披绿、紫红色茸毛，地上茎不高。茎顶着生4~5对叶片，单叶对生，具叶柄，长2~4厘米。叶卵心形，长15厘米、宽11厘米，叶色浓绿，叶脉色稍浅淡，叶缘锯齿状。花朵单立或数朵群聚于一总梗，花梗密布红色茸毛，自叶群丛中抽生。花鲜红色，二唇状，上唇比下唇明显较大。萼片浅绿色，与花梗连接处带紫红色晕彩。花型酷似鲸鱼花，却没有两侧唇，其下唇也没有下垂现象，而且色彩更浓艳。花筒基部具5裂萼片，披针形，浅绿带紫红色晕彩，长约0.6厘米。主要花期为春、夏季，可赏花3个月之久。

需光性稍强，至少3000~5000勒的光照强度才会开花，空气湿度约50%即足，生长适温18℃，当温度较低时，浇水量亦需酌减，于2次浇水间最好让盆土干透。寒冬浇水尤其需减量，以免植株受寒害。平日也不可让土壤积水，易引起茎腐病。生长初期可多施氮肥，之后可加重磷肥。

具休眠习性，开花后叶片渐转枯黄而萎落，植株并非死亡，只是生长停顿，落叶进入休眠。仅需将盆及其块茎移置角落，偶尔浇少量的水即可，以免其块茎完全干枯，待翌年春暖时再充分浇水，不久即发叶，并绽放艳丽花朵。

▲花冠长管状

落叶大岩桐

学名： *Sinningia defoliate*

株高40厘米，叶自块茎发出，长可达30厘米，无叶柄，开花时叶片可能落光，故名落叶大岩桐。伞形花序，长花梗自块茎抽出，红褐色，管状花红色，自花梗三出而生，花径4厘米，花萼深红色，花药紫红色，花期秋、冬季，冬季休眠。喜排水良好、潮湿阴凉处。

▶每茎仅有一叶

迷你岩桐

学名： *Sinningia eumorpha* × *S. Conspicua*

株高低于15厘米、幅径8~15厘米。叶长5~10厘米、宽5厘米，叶基略凹，叶缘波浪、钝锯齿状。花色多样，有橘、白、粉红、紫等，花径1.5~2厘米，喉部偶具斑点或渐层色，春秋季较常开花。可播种或茎插、叶插繁殖，适期为春秋季。喜明亮的散射光，可使用人工光源栽培，适合种于室内。栽培基质需排水良好以免烂茎，空气湿度最好维持50%以上，生长适温21~26℃。

▼花冠长筒状，开口朝下

▲叶长椭圆形，叶脉红色凹陷

大岩桐

学名： *Sinningia speciosa*

英名： Gloxinia, Florist's gloxinia, Slipper plant

株高10~35厘米、幅径30厘米。叶自块茎发生，椭圆形，长10~18厘米、宽5~8厘米，具短柄。花大型钟状，冠径6厘米，有单瓣及重瓣种，花色有白、粉、蓝、紫、红及暗紫色；单色、斑点或镶边等。繁殖可采用播种、块茎、叶插法。

▼具短缩茎，花与叶自地际发生

▲叶面密布茸毛，叶缘锯齿状

大岩桐繁殖方法

播种繁殖

商业生产者多用此法，可于短期内获得大量植株。当苗长大后，先假植于6厘米的小盆钵，3个月后定植于12~15厘米的盆，由播种至开花须5~7个月。

▲花瓣外白内红

块茎繁殖

块茎种于浅钵内，冠芽朝上，覆土约高过块茎顶1厘米即可，压实后，充分浇水即可等其发芽。

叶插繁殖

取下连柄的叶片，将叶柄浅埋栽培基质中即可生根发芽。或将叶身中肋横切数刀后，将此叶片平铺于基质表面，用小石子镇压，切口需与基质密贴，每一切口处会向下发生小块茎，向上长叶，各成独立植株。

栽培注意事项

- 自花市刚购买的盆栽，拿回家后切忌放在阳光直射场所，以免发生日烧病，但也不可放在阴暗角落，易落叶，花芽褐变或未开先落蕾。较适合放在无阳光直射的明亮窗边，并适量供水；切忌浇水过勤，易使叶片自柄部腐烂而脱落；待植株适应良好后才施肥。
- 较本科其他植物需光较强，且日照时间也须较长。若放在室内，南向或东南窗口较理想，冬天则尽量给予较多光量及光照强度，夏日则须予以遮阴。光线是否适宜，由枝节间长度即可知晓，光度够则叶片密簇，看不到短茎；光弱则短茎与叶柄抽长而软弯；叶色若泛黄是光太强所引起，应调整适量光照。光暗处可用人工照明，100瓦灯泡距离植物120厘米，每日照光14~16小时即可。冬日降温时花会褪色，夜间可加强照明4~5小时，以减少此现象发生。

◀花朵自植株中央抽生

- 生长适温21℃，空气相对湿度50%~70%较佳，湿度太低芽易萎缩早落，叶片易呈干枯状，而高湿环境则叶片显得水嫩。可以用人工喷雾方式增加空气湿度，但仅能以极细的室温雾水喷叶，或不喷到叶面，仅在植株四周喷洒即可。
- 多盆栽种植，成株多种于口径20厘米的盆，最好使用浅钵，高度10~12厘米即可。盆栽用土宜疏松，富含有机质的培养土、泥炭土、粗沙（或珍珠岩）各1份混匀使用，略酸性（pH6）土壤较有利植物生长。
- 供水不可过勤，土壤若长期积水不退，易发生冠腐及茎腐病，造成块茎顶部腐烂，柄基水渍烂腐状。叶子一片片凋落时，尽快将块茎自盆土小心掘出并清洗干净，再涂布杀菌粉剂，阴干后再重新种下。
- 生长旺季每1~2周施用一次完全肥料，可使用N-P-K比例为15-15-15或20-20-20者。
- 病虫害不多见，除冠腐病外，须注意红蜘蛛危害。只要供水适当，通风良好及植株间不要太过拥挤，给予充分的通风空间较可以减少病虫害。
- 花谢后植株进入休眠，此时可完全停止供水施肥，待叶片全部萎谢后，移去死叶，将盆钵移置温暖角落贮放至翌春。于此休眠期间，只需偶尔浇一点水，使其块茎不完全干透即可。

▲▼重瓣品种、花色变化丰富

▲喉部具斑点或渐层色

女王大岩桐

学名：*Sinningia speciosa* 'Regina'

株高30厘米。叶对生，深绿色，紫红色叶柄颇短小，叶缘偏红色，具细小锯齿。花缘紫色，喉部白色、布紫色细点，花萼及花冠略下垂。喜半日照、高湿度，但不喜土壤积水，土干才需再浇灌，夏季为生长旺期，冬季略呈休眠状。

▼叶片中肋以及羽状侧脉白色

▼细长花梗红褐色

香水岩桐

学名：*Sinningia* sp.

茎肉质直立，红褐色，全株披白色细毛，茎枝抽长会软垂。叶缘锯齿，叶脉绿白色，叶柄基部着生2小叶。花喉部浅褐色，具咖啡色纵纹。

▼叶厚肉质，长椭圆形

▼块根球状肥大

◀小花白色

Streptocarpus

原产地多位于非洲，枝条常匍匐悬垂，适合种植于吊篮，悬垂向下的花、叶更加显眼。叶主要有两种生长形式：莲座型与单叶型。前者的花茎新芽自群叶基部长出；后者单叶自基部生长，一茎枝只长出一片叶，冬天此叶片凋谢死亡，但叶近底端部分会存活，于隔年气候温暖时再萌发新叶。花仅2.5~3.5厘米，花色有紫、淡紫、粉红和白色，花5裂，花筒高脚碟状，左右对称。授粉的媒介多元化，包括鸟类、苍蝇、蝴蝶、飞蛾和蜜蜂等，若无法由外界授粉，也会自花授粉。

繁殖方式多样，包括种子、叶插、扦插、根系繁殖皆可。

种子繁殖

种子细小，发芽需光，播种后不需覆土，适温18~20℃，盆钵透空处需包覆透明保鲜膜用以保湿，喜散射光。

叶插法

包含部分叶柄的叶片，插入盆器后，浇水并压实基质，于盆顶覆盖透明塑料布、并用橡皮筋固定以加强保湿。不带叶柄的叶插法，繁殖成功率较低。叶插法为促进生根可沾附人工激素。

根系繁殖

多数具匍匐根茎，若其上已长出幼苗，可将其截断另种。

扦插繁殖

将植株剪取5~10厘米长的枝条，截断处最好位于枝条节点下方，截断后插入干净水中即会发芽。插入基质中，给予散射光、温度18~ 20℃环境。萌发新枝叶约5厘米长便可另植。

栽培注意事项

- 使用1/8~1/4珍珠岩混合腐殖质培养土，盆底需预留排水孔洞，以方便排水。
- 生长适温18~25℃，最低限温约10℃。
- 至少需50%散射光，可使用人工光源，但不可阳光直射。
- 根部不可泡水，需待土壤全干透才再浇水。
- 花期多为春季到秋季，冬季进入休眠会停止开花，有些品种会落叶。

海角樱草

学名： *Streptocarpus hybridus*

英名： Hybrid cape primrose
The cape of good hope in Africa

亦称大旋果花，多年生草本植物，株高30~40厘米。叶柄短小，叶长椭圆形，纸质，长30厘米、宽6~10厘米，绿叶面上随细脉呈小格状凹凸，披白色细毛，叶缘锯齿波浪状。花冠喇叭状，5花瓣，上2瓣较小，下3瓣稍大，左右对称。花梗细长，自叶丛中抽生，花白、粉、玫瑰红、红、蓝、紫色皆有，花心具纵走放射状斑条，花期春至秋季。除盆栽观赏外，亦可做切花。可使用播种或叶插法繁殖。

播种繁殖

因种子极细小，每克约51000粒，不易处理，故只有极少数品种（如Wiesmoor）才用播种繁殖，多春播，16℃时发芽较好。

叶插繁殖

全年均可行之，温度20~22℃，相对湿度90%~95%，需光稍多较易成功。商业栽培多采用此方法繁殖，扦插最快6个月即可开花。采取一成熟叶片，自中肋处均分成左右两部分，伤口涂布生根粉及杀菌粉剂，而后将切口处垂直埋入基质。基质可用水苔、珍珠岩与蛭石各1份混合使用。约1个月后生根，2个月后就有小苗株发生，每一叶片至少会发生20株苗，约3个月即可定植，再3~4个月即会开花。

▲叶面羽状侧脉明显，有10~15对之多

◀小花顶生，略下垂

栽培注意事项

- 盆栽用土与非洲堇相同，但不需偏酸性，可用水苔、珍珠岩与蛭石各一份混匀使用，需疏松且排水良好。
- 定植宜用浅钵，口径10~12厘米。土面积水易导致茎腐病，为预防其发生，可于土面铺放一层无菌土（发泡炼石）。
- 对肥料颇敏感，生长季节每2周施用浓度减半的完全肥料，施肥过多易伤根。
- 供水须适度，每次待盆土表面土壤已干松后才浇水，否则短缩茎易发生水渍腐烂现象。到冬日有些品种会生长停顿进入休眠，就须减少供水；不休眠者则须经年供水不辍，冬天略减。
- 开花需较多光线，明亮非直射光处较理想。只要光照充足，全年开花不辍，但光照太强或直射光完全无遮挡，易引起叶烧的褐斑。
- 空气湿度50%~60%即可，夏日最好提供较高的空气湿度，但也不可喷大滴水于叶面，需细雾水。
  生长适温为24℃、夜温16℃。
- 每次开花后，需迅速剪除花茎，以免浪费养分影响结果。
  每年一次于春天换盆。
- 病虫害须注意红蜘蛛、蓟马、白蝇。喷药的药剂种类与剂量需注意，以免引起叶面药害。

◀具短缩茎，叶簇生于地际

海豚花

学名： *Streptocarpus saxorum*

英名： Dauphin violet，False african violet，Cape primrose，Nodding violet

别名： 假非洲堇

外形似非洲堇，密披茸毛的枝条有分枝，可作为地被植物，将裸土被覆。原生长地为向阳悬崖峭壁面，呈悬垂吊挂状生长于岩隙间。叶面浓绿或略呈黄绿色，叶背及叶柄浅绿色，羽状侧脉4~6对。喜好稍冷凉高湿环境，耐阴，忌强光直射；基质需排水良好，浇水不可过勤，生长、开花旺季可多施肥料，生长适温10~18℃。

◀花梗细，长7.5厘米，自叶腋抽生

▼花管状冠筒布茸毛，花期春夏季

▼叶对生或轮生，于茎枝密簇生长

▼花淡蓝紫色，花冠径4厘米

▼花唇瓣歪斜不对称、白色

▼叶椭圆形、厚肉质、密披茸毛

小海豚花

学名：*Streptocarpus caulescens*

株高30~50厘米、幅径30~50厘米，全株披白色细毛。叶肉质，椭圆形，暗绿色。花梗细长，花朵小且柔软，花径2厘米，小管状，花淡紫或紫色。喜半日照，不喜直射阳光，浇水每周一次，需排水良好的土壤。种植于吊篮中，可充分展示其下垂的枝叶及花朵。

▲匍匐茎肉质易断裂，紫红褐色

▲小叶三出轮生

Titanotrichum

►叶面茸毛密布

俄氏草

学名：*Titanotrichum oldhamii*

英名：Primula

根茎肉质披鳞片，株高20~50厘米。叶柄长0.3~6.5厘米，叶缘粗锯齿，叶端锐尖或渐尖。总状花序，花序轴被柔毛，苞片披针形至线形，花萼裂片披针形。花鹅黄色，冠喉酒红色，花期6~11月。

▼全株披白色柔毛

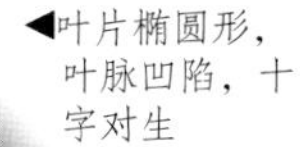

◄叶片椭圆形，叶脉凹陷，十字对生

百合科

Liliaceae

多年生草本植物，根系有多种形态：须根、块茎、根茎、球茎或鳞茎等。单叶互生或轮生；花多为两性的整齐花，单立或各种花序，子房多上位、常3室，蒴果或浆果。多分布于亚热带与温带。

Aloe

芦荟属有少数可食用，原产地多为地中海、非洲地区。莲座型常绿植物，具短茎，叶肥厚肉质，叶面偶有斑点，叶端渐尖，叶缘锯齿或疏生尖刺。总状或穗状花序，花序梗长，花期夏秋季。

喜透水性良好的疏松土壤，多不耐寒，0℃以下容易冻伤，5℃便会停止生长。颇耐干旱，浇水过多若造成积水易导致烂根，夏季5~10天浇水1次，冬季生长缓慢时，于植株体喷雾水方式浇灌，土壤需保持干燥。

需光较多，盆栽可摆放于避风的向阳位置，于中午前后多接受日照。生长旺季可少量多次施肥，以有机肥为主，若施用化肥，则尽量不要沾附叶片，若沾到须以水冲洗。

芦荟

学名：*Aloe* sp.

株高60~90厘米，青绿色叶抱茎对生，叶长15~40厘米、厚1.5厘米，叶端渐尖，叶缘疏生短刺。总状花序长20厘米，小花黄色，花期夏秋季。需光半日照以上，生长适温15~35℃。

▶叶面散布许多纵走的白色斑条

▶开花，花苞橘红色

拍拍

学名： *Aloe* 'pepe'
(*A. descoingsii* × *A. haworthioides*)

小型丛生，叶长三角形、青绿色，叶面、叶缘、叶背皆具白色细尖刺。易长侧芽，可拨离侧芽进行分株繁殖。需光半日照以上，耐旱。

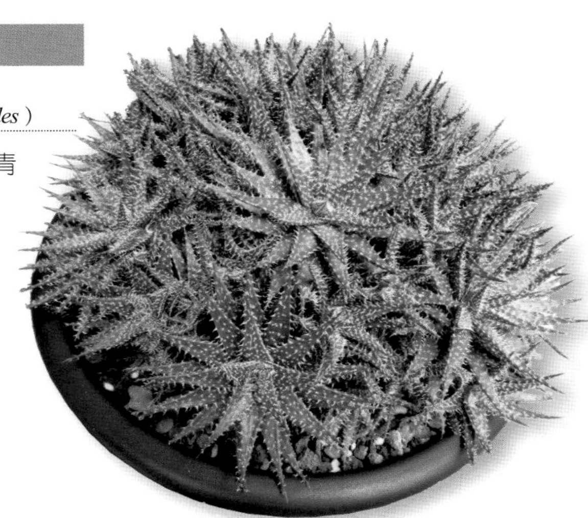

银叶芦荟

学名： *Aloe* 'Silver Ridge'

株高15厘米，全株披白色鳞片。叶缘具白色锯齿，叶端偶泛红色。穗状花序，花序梗长，自叶群中央抽生，粉红色，花苞橘红色，前端黄、绿色，小花橘红色，花期夏季。喜明亮的散射光。

◀开花

▶叶深绿色，具长条状银白斑块

Asparagus

武竹属为多年生草本、木质藤本或灌木，原生于南非、斯里兰卡。具有地下根茎或块茎状根。真实叶片多呈鳞片状，另具绿色窄细的叶状茎。盆栽、吊钵或地被使用。花单性或两性，色彩多鲜丽，白、绿或黄色，单立、成对或伞形、总状花序。6花被，6雄蕊，浆果。多采用播种或分株繁殖。春季视盆土内根群，若太拥挤，须修剪纠结的根群，并予以分株或换盆。老株需强剪，促其再自根际发出新枝叶。

对光照要求不高，户外全阳或阴暗处皆可生长，但在明亮非直射光处生长较好。耐寒性尚佳，冬日5℃以上不致受寒害，华南地区冬日寒流时多可安全度过。生长期间须勤浇水，因有肉质根较耐微旱，水分过多反倒易受害，根群不可泡在水中，肉质根易腐烂，因此土壤须排水良好，过多水分需快速排除。冬日气温偏低植物进入休眠之际，土壤须保持略干旱状，较易越冬。

生长期间叶片黄化时，先确定可能发生的原因，如是否为日照太强、氮肥施用不足、浇水太多造成根群腐烂，或红蜘蛛吸食叶片汁液等，再针对原因予以改善。

狐尾武竹

学名： *Asparagus densiflorus* 'Myers' ('myersii')

英名： Myers's asparagus, Plume asparagus

别名： 狐狸尾、非洲天门冬

株高30~60厘米，具肥大块茎，由根际长出的主枝密生小枝及线状小叶。浆果球形，未熟时青绿色、成熟转红艳，内有黑色种子1~2粒。可采用播种或分株繁殖，繁殖适期为春秋季，繁殖后经缓慢生长，约需2年之久长至成熟尺寸。

性喜高温，忌强光直射，耐阴性强，于半阴处表现较佳，生长旺季供水需充足，定期施肥可使叶色美观，适合室内盆栽及切花。

▼植株丛生

▼狐尾武竹的总状花序腋生，小花乳白色，具香味

▶主枝整体形似狐狸尾巴，故名之

武竹

学名： *Asparagus densiflorus* 'Sprengeri'

英名： Sprengeri fern, Sprenger asparagus

别名： 垂叶武竹

▲优良地被

宿根性观叶植物，主枝上具互生的分枝，以及扁平线状的叶状茎。叶状茎长2~4厘米、宽仅0.2厘米。主枝易软垂，可种成吊钵放置室内半阴环境下；亦耐全阳，适合户外斜坡或树冠下当成地被植物栽植。果径不及1厘米，果熟鲜红色。耐寒性佳，南方平地一般均易越冬；亦可耐贫瘠，并略耐干旱，生性尚属强健，一般初学者不难养护。另有一矮生品种：*Asparagus densiflorus* 'Compactus' 较武竹的直立性更佳、少蔓性现象，盆栽时株型更美观。

▶细长茎枝柔软弯垂

松叶武竹

学名： *Asparagus myriocladus*

英名： Tree asparagus, Zigzag shrub

盆栽高度多30~60厘米，露地栽培生长多年后，株高可达1米以上。初呈直立状，后因茎枝抽长而略呈弯曲状，茎上簇生针状的叶状茎。新叶翠绿，老叶浓绿，搭配银灰色茎枝，颇适合盆栽，但须略加修剪并立支柱，可助其株型整齐而雅观。

耐寒性不佳，越冬时最好放置室内。切叶后即使离水仍可维持多天的青绿，若放水中其青翠绿意甚至可保持数星期之久。

▶茎枝直立形似松树

文竹

学名： *Asparagus setaceus* （*plumosus*）

英名： Fern asparagus, Lace fern evergreen

枝叶细致，多年生常绿藤本，又名新娘草，因早期新娘身着白纱礼服之际，手中捧花一定少不了文竹做衬饰，是往昔插花、制作花饰所不可或缺的切叶植物，而今多为盆栽的观叶植物。茎初为直立，而后转蔓生状，枝长可达5~6米。小花白色，花期夏季，花后结出紫黑色、果径0.6~1厘米的小浆果，果内有黑色种子数粒，可用来繁殖。盆栽若放置室内，在夏日空气干燥时，须注意红蜘蛛危害，叶片会出现黄化状况，介壳虫亦会危害，造成枝叶褐化。另有较适合盆栽的文竹矮性簇生品种：*A. setaceus* ‘Nanns’ 及*A. setaceus* ‘Compactus’，植株低矮簇密，为直立性小型植物。

▶具互生平展的细致小枝

Aspidistra

蜘蛛抱蛋属的各种蜘蛛抱蛋均为常绿性、多年生的草本观叶植物。原种产于中国，斑叶、星点及旭日蜘蛛抱蛋等为园艺栽培品种，主要差异在于其叶色：蜘蛛抱蛋叶色浓绿富有光泽，星点蜘蛛抱蛋的浓绿叶片布满浅黄至乳白大小不一的斑点，斑叶蜘蛛抱蛋的暗绿至绿色叶面分布宽细不一的乳白色纵走斑条，旭日蜘蛛抱蛋则仅于叶端出现乳白斑条。

株高50~100厘米，地下部具根茎，芽、叶由此发生，故株型属根出叶或簇生型。具有既长且细的硬挺叶柄，单叶，披针形，长40~75厘米、宽6~15厘米，叶基歪、革质，叶硬挺、面光滑，故英名为Cast iron plant，意为铸铁般的植物。主要以观叶为主，亦会开花，花紫色，钟状，绽放于土面，但较不受注意。

切忌阳光直射，耐阴性佳，叶色愈浓绿者愈耐阴，室内远离窗口的阴暗处亦可放置其盆栽，阴暗角落须提供至少1500勒的人工辅助照明。斑叶或星点蜘蛛抱蛋的叶片具斑点或斑条，若放置光线阴暗处或施予过多肥料，色斑会较黯淡，对比不明显而较不美观；于明亮非直射光处，则色泽明显美丽而观赏性高。

生长适温7~30℃，生长较佳的日温为20~22℃、夜温10~13℃；耐寒性尚佳，其中以斑叶蜘蛛抱蛋的耐寒性稍差。

生性强健，对各种不良环境的适应性颇高，可耐高温、寒冷、湿土或干旱，可容忍空气污染及灰尘多的地方，放置在极度阴暗角落亦可残存。因此颇适于一般人初次尝试种植，较不易因一时疏忽而死亡。经验不多者建议从叶面浓绿的蜘蛛抱蛋试种，较斑叶或星点等品种具有较高的环境适应性，耐寒、耐旱又耐阴。斑叶种则较不耐寒，土壤水分多易发生根腐现象，光线亦须较明亮才生长良好，且叶色较美丽。

土壤不可常呈潮湿状，每次浇水需待土壤已干松，若仍湿黏无须浇水，土壤只须保持略为湿润即可。盆钵若放置盛水盘，每次浇水后留滞的余水最好倒掉。

每年3~10月为生长旺季，最好每2星期施稀薄液肥1次，休眠期不必施肥。早春来临，若植物生长已过于茂密，最好进行分株繁殖，将匍匐生长的根茎切成数段，每段必须保留叶片。害虫须注意介壳虫危害。

蜘蛛抱蛋

学名： *Aspidistra elatior*

英名： Cast iron plant, Barroom plant

别名： 单叶白枝、飞天蜈蚣、一叶兰

原产地： 中国、日本

株高60~90厘米。叶深绿色，叶柄长，叶长披针形。总花梗长0.5~2厘米，着生于叶基群间，形态似八脚蜘蛛在抱蛋而得名，8花被反卷，外侧带紫或暗紫色，内侧下部淡紫色，裂片近三角形，前端钝，边缘和内侧上部淡绿色，内侧具4条肉质脊状隆起，紫红色；花丝短，花药椭圆形，苞片3~4枚、宽卵形，淡绿色，偶具紫色细点。土壤以弱酸性为佳，可耐低温。

旭日蜘蛛抱蛋

学名： *Aspidistra elatior* 'Asahi'

株高30~60厘米。叶柄长，单叶丛生，叶长椭圆至披针形。繁殖期为春秋季。喜明亮的散射光、温暖阴湿的环境，生长适温15~30℃，基质排水需良好，以砂质壤土为佳，施肥忌氮肥浓度过高，以免叶斑褪色而失去观赏价值。

▲中肋具一白色纵斑，叶端斑块较明显

星点蜘蛛抱蛋

学名： *Aspidistra elatior* 'Punctata'

英名： Milky way iron plant

别名： 洒金蜘蛛抱蛋、斑点蜘蛛抱蛋

叶倒披针形，青绿色，叶基歪斜。浆果球形、绿色。繁殖期春季。喜潮湿、半阴的环境，基质以疏松、肥沃的砂壤土为佳，切忌土壤积水，夏季可于叶面喷水，放置半阴处为佳。

◀叶柄长，直立生长

▶叶面具黄、白色斑点

百合科

斑叶蜘蛛抱蛋

学名： *Aspidistra elatior* 'Variegata'

英名： Veriegated cast iron plant

别名： 金线蜘蛛抱蛋、白纹蜘蛛抱蛋、嵌玉蜘蛛抱蛋、金钱蜘蛛抱蛋、金钱一叶兰

根状茎圆柱形，具节以及鳞片，匍匐生长。叶柄长5~35厘米，青绿、墨绿色；单叶，直立生长，长25~50厘米、宽6~10厘米，叶端渐尖，叶基偏歪斜，全缘波浪状。两性花，花多单出，着生叶基间，总花梗长5~20厘米，苞片3~4枚，其中2枚位于花的基部，淡绿色，偶具紫色细点，8花被钟状反卷。浆果球形，绿色。

◀叶柄细长而坚挺

▶叶宽披针形

▶叶面具多条白、黄色纵走斑条

狭叶洒金蜘蛛抱蛋

学名： *Aspidistra yingjiangensis* 'Singapore Sling'

原产地： 泰国

株高1米，地下根茎匍匐生长。叶自根上抽生，叶柄不明显，单叶直立丛生，叶线形细长，长90厘米、宽5厘米，深绿色，叶面具大量白、黄色斑点。喜明亮的散射光，基质以疏松、肥沃的沙壤土为佳。

Chlorophytum

金纹草

学名： *Chlorophytum bichetii*

叶长披针形，青绿色，叶缘黄色，外观似白纹草，但叶缘的黄边较白纹草的白边宽，且白纹草的白边会逐渐不明显，但金纹草的黄边仅会变白。花梗自叶基间抽生。繁殖采用分株法，适期为春夏季。喜明亮的散射光，忌阳光直射。

▲小花白色，着生于花轴上

◀叶面具数条黄色条纹

宽叶中斑吊兰

学名： *Chlorophytum capense* ‘Mediopictum’

栽培种，植株较大型，叶辐较宽，叶面青绿色，长30厘米以上，叶背偏白。耐寒性较差，冬日须加强御寒。

▼叶面具多条白色纵走斑纹，叶缘深绿色

▲小吊株可用来繁殖

橙柄草

学名： *Chlorophytum amaniense* (*C.orchidastrum*)

英名： Fire flash

别名： 火焰吊兰

原产地： 东非

根状茎短小，单叶自根际簇群丛生。叶披针形，青绿色，叶端渐尖，叶基长楔形，全缘波浪状。穗状花序，花萼内侧浅绿色、外侧淡褐色，具橙色条纹，白花3瓣，花药橘黄色。蒴果，种子黑色。

▼叶柄直立，橘红至橘黄色

▶中肋橘黄色

白纹草

学名： *Chlorophytum bichetii*

英名： St. bernard's lily

原产地： 热带西非

叶片细致柔软，适合小品盆景，放置桌台、花架的室内无直射光处，户外亦可种在阴暗大树下做地被或沿边阶种植。白纹草是颇类似镶边吊兰的宿根性观叶植物，与镶边吊兰有下列几点不同处，下页以表格简述，稍加注意颇易区分。

冬日少浇水，落叶后将萎叶摘掉，待来春生机恢复时，再适需要而进行分株或换盆，春暖之际充分供水，于短短几天内，新绿叶片繁茂而另展新姿。

▼绿叶中夹杂着白斑条纹，小花白色

类似植物比较：白纹草与吊兰

项目	白纹草	吊兰
小白花	绽放于短而直立的花轴上	着生于走茎
叶片	叶片短而宽，纸质，较薄软，叶长多 20 厘米以下、宽 1~2 厘米	细长，长 20~30 厘米、宽 1~2 厘米，革质硬挺
地下部	密生白色短胖的地下块根	肉质粗根末端肥大
品种	品种较少	种类多，有中斑吊兰、吊兰及镶边吊兰
耐寒性	耐寒性较差，冬季于室温 15℃以下生长不良，叶片萎黄掉落，进入休眠	耐寒性较佳，南方平地室内越冬几乎不会落叶
繁殖法	分株	除分株外，用走茎的小吊株容易繁殖
走茎	无	具走茎，走茎前端着生子株

▶白纹草

◀吊兰

白纹草分株法繁殖

1 将母株自盆钵移出

2 自根部将植株分成两部分

3 各别种入不同盆钵

吊兰

学名：*Chlorophytum comosum*

英名：Spider plant

别名：挂兰

原产地：南非洲

当其植株长大，于适当日照就会有许多子株（小吊株）争先恐后探出花盆，向外垂悬，如同吊挂着许多小兰花一般，因而得名。株高约30厘米，但伸出的走茎长30~60厘米，适合吊盆，或将盆景放置在高脚花架上，好欣赏自然向下垂悬的小吊株。户外无直射光处，亦可以作为地被植物大片铺植，或沿路径两侧线状栽植。耐寒性佳，南方平地越冬不难，耐阴且养护容易。

吊兰叶色纯绿，观赏性不高，镶色品种的观赏性较佳。但需注意的是镶边挂兰及中斑挂兰常会长出无斑纹的绿叶种，因绿叶为原种，生长势较强，若放任绿叶生长会越长越多，甚至超越镶斑种而取代，因此一旦出现最好尽早摘除，免其持续强势蔓生。

当水分供应失调，一阵子干旱缺水，或冬日受寒害、施肥不当等，均可能造成叶尖黄化甚至褐变，发生时须将变色叶片摘除，让它再长出漂亮新叶，并注意养护管理，以减少此现象发生。

环境阴暗、闷热、潮湿时，易于根际或叶片丛聚处感染介壳虫，发生初期立即喷药杀灭，并用水冲、徒手摘除。吊兰根粗，粗根末端肥大，生长多年和盆土纠结时，须予以换盆，同时修剪根群，以免有碍日后生长。生长期间每月至少施用1次叶肥，叶色才会美丽，不致萎黄而呈现营养不良面貌。

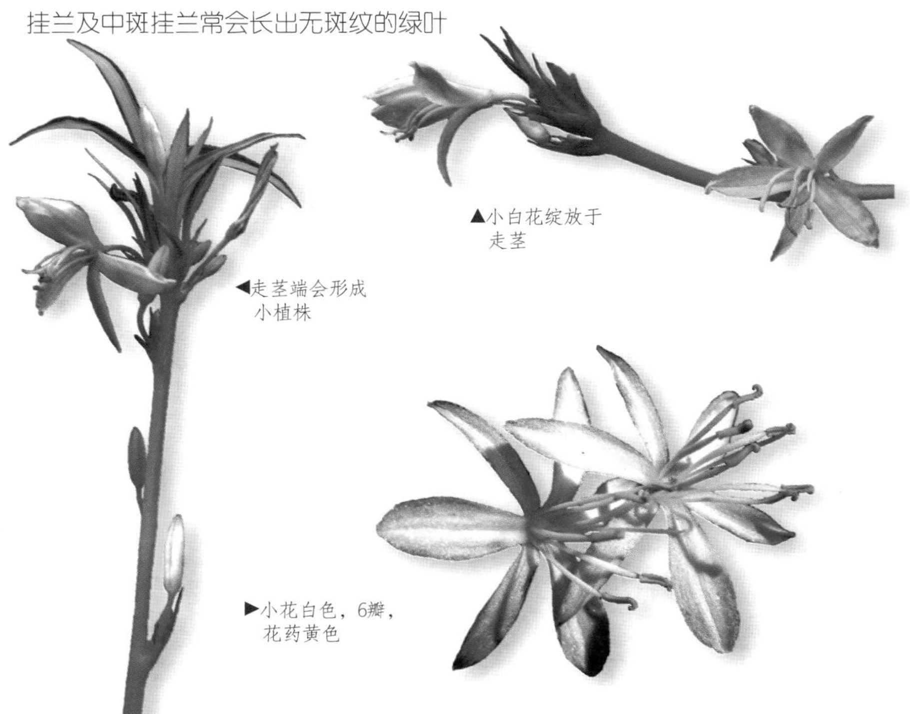

▲小白花绽放于走茎

◀走茎端会形成小植株

▶小花白色，6瓣，花药黄色

吊兰以走茎进行分株繁殖

1 将走茎上子株生长处放置盆钵，埋入子株发根部位

2 待生根后，将走茎剪断，即可成为一新植株

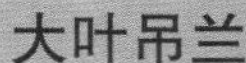

大叶吊兰

学名：*Chlorophytum comosum* 'Picturatum'

别名：间道挂兰

植株大型，成株丛生状，走茎较少。叶长披针带状、青绿色，近革质，宽约2厘米，叶端下垂，全缘波浪状。花于走茎上绽放，6花瓣，白色，花期夏季。喜明亮的散射光，土壤排水需良好。

▲叶面具多条白色条纹，中肋的条纹较宽

镶边吊兰

学名：*Chlorophytum comosum* 'Variegatum'

别名：金边吊兰

原产地：非洲与亚洲的热带、亚热带地区

根状茎匍匐生长，叶无柄，单叶丛生。绿叶缘镶黄白边，叶片较宽阔，叶长25~40厘米、宽2~3厘米，叶端下垂弯拱状。花梗细长弯曲，花被辐射状对称，自走茎节处绽放，1~6朵小白花，6卵形花被。蒴果。

▶叶绿色线形，叶缘淡黄色

中斑吊兰

学名：*Chlorophytum comosum* 'Vittatum'

栽培种，株高10~20厘米。叶长披针形，青绿色，叶片较细长，叶长10~20厘米、宽1厘米。初夏，成株于叶丛中长出走茎，前端着生幼苗，亦即小吊株。走茎节上开花，6花瓣，白色。繁殖期春秋季，以分株繁殖为主，或将走茎节处压入土中，待幼苗着根后剪离另植。需遮阴忌强光直射，基质以富含有机质的砂质土壤为佳，排水需良好，生长适温20~30℃，春夏之生育旺季，一旦发出绿色叶片尽速摘除，才能维持斑叶观赏特性。

▲绿叶中肋处具白色斑纹

▶优良地被

Haworthia

大型玉露

学名：*Haworthia cooperi* var. *cooperi*

原产地：南非

叶厚肉质，青绿色，叶缘具细小锯齿，叶端颜色较透明。以分株繁殖为主。喜通风良好的半阴环境，忌强光直射，光照过多叶色会转灰褐，光照过少株型较松散。对水分需求不高，用喷雾提高植株周边空气湿度即可。

▲开花

▼植株莲座型

十二之卷

学名：*Haworthia fasciata*

英名：zebra plant

原产地：南非

植株莲座型，茎粗短。叶剑形，叶面具白色小点，叶背具凸起横白斑条，叶厚肉质，墨绿色。花梗细长，小白花筒状，花瓣具绿、褐色斑纹，花期春、冬季。以枝插、芽插、叶插法繁殖，繁殖期为春秋季。喜阴凉的半日照环境，日照过多易使叶片转红褐色，生长适温15~25℃。

蜥蜴百合

学名：*Haworthia limifolia* 'Black Lizard'

别名：黑蜥蜴

原产地：南非

植株叶片螺旋状生长。叶剑形平展，厚肉质，墨绿色，叶面具翠绿色小点，叶缘内凹，叶基槽状抱茎，叶背具凸出的不明显横纹。

Ledebouria/Scilla

日本兰花草

学名：*Ledebouria cooperi*（*Scilla cooperi*）

别名：缟蔓蕙

小型球根植物，单叶丛生，无叶柄，叶长披针形，青绿色，叶基紫褐色，叶面具5~7条深紫色纵线纹。总状花序，花序梗较长，易下垂，小花紫红色，中心部分翠绿色，7花瓣，花药深紫色。

宽叶油点百合

学名：*Ledebouria petiolata*（*Drimiopsis maculate*）

别名：麻点百合

原产地：南非

短茎肥大呈酒瓶状，顶端着生3~5片叶。叶柄褐色，叶长卵心形，肉质，青绿色，叶端钝，叶基心形，全缘微波。

▼叶面具不规则深褐色斑点

▲总状花序，钟形花，6花瓣，花期4~5月

▶叶面斑点有时不明显

绿叶油点百合

学名：*Ledebouria socialis* (*Drimiopsis kirkii, Scilla paucei*)

英名：Spotted Scilla

原产地：南非

株高15~30厘米，肥大肉质的白色鳞茎呈扁球状。叶成簇弯曲生长，狭披针形，长15~25厘米，光滑肉质，翠绿色，叶端锐尖，叶背灰绿色。总状花序有20~40朵小花，绿色花梗细长，自鳞茎抽生，小绿白花顶生，6花被，6雄蕊，花期7~9月。可用分株法繁殖。中度耐阴性（10000~30000勒），温热环境（16~26℃），土壤常呈略润湿状生长较佳。

►叶面散布浓绿色油渍状斑点

紫背油点百合

学名：*Ledebouria violacea* (*Scilla violacea*)

英名：Giant squill, Measles leaf squil, Lily of the valley, Silver squill

原产地：南非

株高10~15厘米，每一鳞茎顶生3~5叶片。叶长5~10厘米、宽2~3厘米，肉质，银绿色，具不规则深绿色斑点。小花基部聚合呈钟形，6花瓣，花期春夏季。易生侧芽，以分株法繁殖为主，除冬季外，其他时间皆适合。喜充足光照环境，光照充足的植株较为矮胖，光照不足则植株徒长、叶片软垂，观赏性降低。对肥料需求不高，生长适温20~30℃，低于10℃停止生长。

▼小花绿色，雄蕊紫红色

▼叶背紫红色

▼鳞茎肥大，紫红色

◄总状花序花梗自鳞茎顶端发生

圆叶油点百合

学名： *Scilla paucifolia*

鳞茎绿色肉质酒瓶状，叶于茎顶呈莲座状生长。叶椭圆阔披针形，翠绿色，易生侧芽，叶基环状抱茎，叶端反卷。基质需排水良好以免烂根。

▼绿叶面具青绿至深绿色不规则斑点

Liriope/Ophiopogon

沿阶草

学名： *Liriope spicata*
（*Ophiopogon japonicas*，*O. spicatus*）

英名： Snake's-beard，Mondo grass，Dwarf lily-turf，Creeping liriope

别名： 书带草、山麦冬、麦门冬

原产地： 日本、韩国

株高30厘米，具地面走茎，且根端具块茎。叶革质，长20~30厘米、宽1厘米，深绿色。花梗自叶丛中抽出，略高于叶顶，6花被，淡蓝紫至淡紫色，每3~5朵簇生于苞片腋内，6雄蕊，花药绿色，花期夏季。花后结出墨绿、深蓝色的成熟果实，果期秋季。可播种，但一般多用分株法繁殖。喜温暖湿润环境，基质以疏松肥沃的沙质壤土为佳。

◀总状花序，小花淡紫白色

▶花梗长25~65厘米，花果共存

▶绿果3~5群聚着生

▼叶端锐尖

▼叶片窄线形，叶群丛生

斑叶沿阶草

学名： *Ophiopogon intermedius 'Argenteo-marginatus'*（*'Nanus'*）

英名： Silver blue grass

别名： 银纹沿阶草

原产地： 日本

随时间植株丛生范围将日渐扩大，株高20~30厘米、幅径30厘米，根状茎粗短，根细长，末端具小块根。叶长15~55厘米、宽0.2~0.8厘米，线形叶，绿叶面具多条乳白色纵纹，较具观叶性。叶端下垂弯拱状。总状花序的花梗长20~50厘米，小花15~20朵，白、淡紫色，单生或簇生于苞片内，花丝短，苞片披针形，花期3~8月。浆果黑色，种子椭圆形，果期8~10月。喜明亮的散射光，栽培基质以弱酸性较佳，耐旱且耐盐，易栽培。

龙须草

学名： *Ophiopogon japonicus* 'Sapphire Snow'

叶线形细长，深绿色，具多条乳白色纵纹，叶端下垂弯拱状，叶基二列状抱茎。

Polygonatus

鸣子百合

学名： *Polygonatum odoratum* var. *pluriflorum* 'Variegatum'

英名： Solomon's-seal King-Solomone's-seal

别名： 斑叶萎蕤

原产地： 欧洲、亚洲

多年生、具根茎的草本植物，茎枝细长，自地际直立生长。几无叶柄，叶椭圆形，长10厘米、宽5~6厘米，叶缘具不明显的纵走白色斑条，叶端锐尖至钝，叶基钝圆，叶背灰白。筒状花腋生，长1.5~2厘米，6花瓣、6雄蕊，花具香气，花期春夏季。繁殖多采用分株法。喜好冷凉环境，需避免强光直射，可容忍稍阴场所。盆栽可做花材，只是南方夏天平地湿热高温生长较差，冷凉环境较易栽培。

▲茎紫褐色，略弯曲

►小花白色，前端带绿色，多下垂

▼叶互生，翠绿色

▲花被白紫色，散布紫红色斑点

Tricyrtis

台湾油点草

学名： *Tricyrtis formosana*

英名： Taiwan Toadlily

别名： 石溪蕉、竹叶草、黑点草

原产地： 中国台湾

多年生草本，茎白色略弯曲，全株疏被纤毛，株高40~80厘米。叶无柄，单叶互生，叶倒披针形，亮绿色，叶基鞘状抱茎，叶端锐尖，全缘。伞房花序，花喇叭状，6雄蕊，花柱与柱头同长，花期9~11月。花后结蒴果，长2~4厘米，3棱长柱状，种子小，直径2.5~3.5厘米。

竹芋科

Marantaceae

多年生常绿草本植物，原产于热带美洲及非洲。多具地下根茎，根系浅而横生，根出叶，植株多不高大。叶片丛生状，单叶，全缘，羽状侧脉，叶柄基部鞘状抱茎，茎与叶片接合处具膨胀叶枕，可调节叶片的角度，减少水分丧失。多具观叶性，叶片展现美丽的色彩，且幼叶至老叶常呈不同层次色彩，以及斑纹、斑条等多种变化。两性花多小而不显著，仅少数具观花价值。浆果或蒴果。叶片斑纹色彩常美丽且有趣，叶片多会呈现所谓的睡眠运动，夜间折合、清晨展开。生长多缓慢，养护工作并不繁重，初学者亦可尝试。

竹芋科的繁殖与养护

光线

颇耐阴，适于室内摆放美化环境，却忌强烈直射光线，散射光或滤过性光均可，人工光线亦生长良好。不可骤然由室内移置户外，任由阳光强烈暴晒，易罹患日烧病，叶面如烧焦般而干枯褐变，病叶不会复原。若发生此现象，立即移入室内窗边无直射光处，并将枯焦叶剪除，待其发出新叶后就会回复往昔面貌。放置室内阴暗处，叶面色彩黯淡不美而缺乏生气，因此，较佳位置还是近窗口较明亮处，每日至少有4小时微弱日照，叶色越深者越耐低光照。

湿度

每年3~10月为生长旺季，喜好高湿度（70%~80%）的空气环境，尤其当新叶抽出之时，若过于干燥，新叶的叶缘、叶尖较易枯卷，导致日后叶片伸展不良。土壤须勤浇水，常保持稍润湿状较有利植物生长。另外可经常予以叶面喷雾，盆钵下亦可放置水盘，留蓄浅水于盘内，可不断蒸发水汽，提供植株湿润空气环境，但切忌盆土经常呈黏湿状。休眠期间须减少供水，气温愈低，盆土愈需保持干燥，植株较不易受寒害。

温度

竹芋喜温暖（16~26℃），冬日不可低于12℃，温度过低的寒冬需将植物移至无风、较温暖的室内越冬。

盆钵

根系较浅且常横生，适合种植于浅盆钵。若使用深盆，盆钵下部需填充砾石，直径为1厘米或更小，以利排水。随植株长大，每年换植于较大些的盆钵，4月适宜换盆。非直立性的匍匐扩展型植株，可种于吊钵或浅盆，使其枝叶向盆钵外铺垂。

土壤与肥料

喜弱酸至中性的多孔性粗基质，排水通气较佳。可用泥炭土、珍珠岩及沙质壤土，以1∶1∶2搅拌均匀使用，其内再加入有机厩肥，如腐熟牛粪、鸡粪等，以及缓效性的化学肥料。生长旺季至少每2星期施用稀薄液肥1次。

病虫害

病害不多，土壤过湿植株易得茎腐病而死亡。害虫要注意一般性的蚜虫、红蜘蛛、介壳虫、蓟马等。只要给予适合的栽培环境，注意空气流通，保持适当湿度，即可减少虫害侵袭。

►魅得珑竹芋（*Calathea 'Medaillon'*）

繁殖

竹芋一般多使用分株法繁殖。于每年晚春初夏期间，将生长茂密的老株掘出后，分割地下根茎，每段仅留1~3支蘖芽即可，分切后立即上盆填土并浇水，放置于阴凉处一周后，再渐渐移至日照良好处。

其他

为显现叶面美丽的斑纹及色彩，每个月至少1次用海绵或细纱布蘸水擦拭叶面以去除灰尘，让叶面再现自然光泽。勿使用蛋清，太浓的蛋清擦涂叶面，虽可立即显出濯濯光泽，却有碍叶面呼吸。

竹芋的叶形、叶色丰富多变化

▲豹纹竹芋

▲红里蕉

▲银羽斑竹芋

▲红背竹芋

▲小竹芋

▲双色竹芋

▲黄苞竹芋花序

▲黄斑竹芋

▲黄苞竹芋

▲安吉拉竹芋

▲马赛克竹芋

▲丽叶斑竹芋

▲紫背天鹅绒竹芋

▲猫眼竹芋

竹芋之叶形、叶色丰富多变化

▲女王竹芋

▲罗氏竹芋

▲翠锦竹芋

▲白纹竹芋

▲箭羽竹芋

▲红羽竹芋

▲绿道竹芋

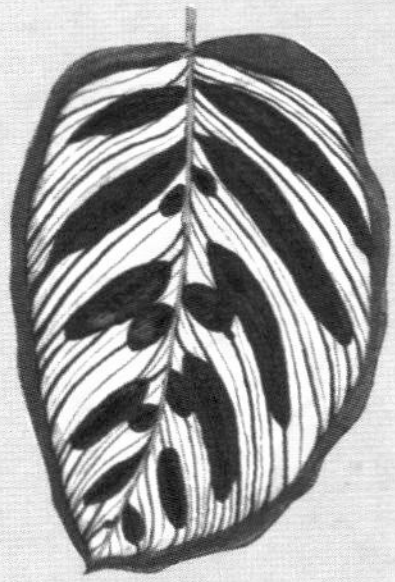

▲孔雀竹芋

▲青苹果竹芋

▲锦竹芋

▲斑马竹芋

▲多角竹芋

▲银道竹芋

Calathea

本科较大的一属，原产地在热带美洲，如巴西、秘鲁、萨尔瓦多等地。革质叶片多平滑无茸毛，具蜡质光泽，全缘或波状。

穗状或圆锥花序，根出花梗自叶丛中抽生，小花群聚呈头状花球。具苞片，不规则对称，3萼片，花冠3裂，稔性雄蕊1，不稔性雄蕊3，子房下位，3室，果实内有3粒种子。

翡翠羽竹芋

学名： *Calathea albertii*

株高90厘米。叶片椭圆形，绿叶面中肋与羽脉呈黄色斑纹，叶背暗紫红色。

银竹芋

学名： *Calathea argyraea*

椭圆形叶片，暗绿色叶面具银灰色羽状细条纹，叶背紫红色。总状花序，花期6~8月。较耐低温。

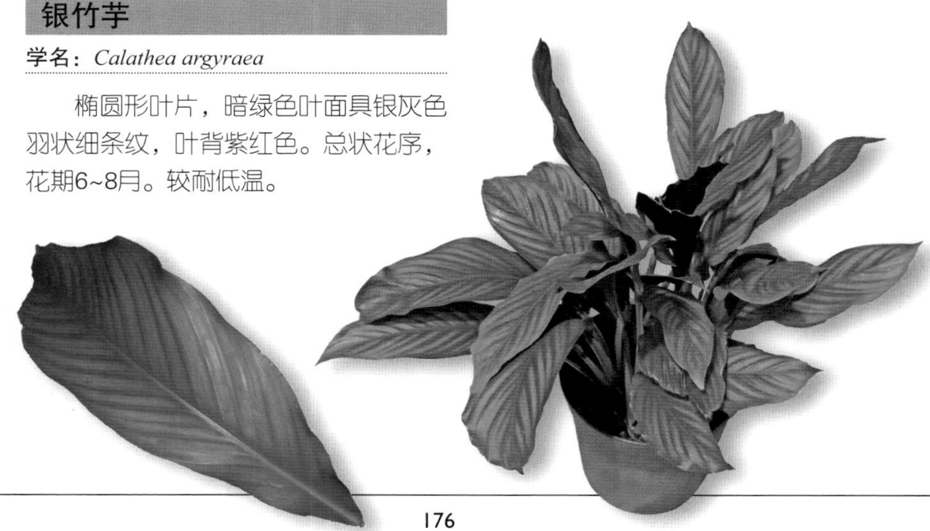

白纹竹芋

学名：*Calathea arundinacea* 'Variegata'

叶长椭圆形，长30~40厘米、宽10~12厘米，深绿色叶片，沿羽状脉具不规则的白色斑纹，叶柄直立细长，长50~60厘米。

▲每一叶片色彩变化不同

▲株高40~100厘米

羽纹竹芋

学名：*Calathea bachemiana*

叶狭披针形，长20厘米，叶面银绿色，中肋两侧具披针状绿色条斑，叶缘绿色。

美丽之星竹芋

学名： *Calathea* 'Beautystar'

暗绿叶面的中肋两侧整齐排列着浅绿色羽状斑条，并偶布白、粉红色羽状细线条，叶背及叶柄红褐色。

▲叶面有白线条

丽叶斑竹芋

学名： *Calathea bella*
（*C. kegeliana, Maranta kegeliana*）

株高45厘米。叶柄细长有力，长15厘米；叶卵椭圆形，长30厘米、宽13厘米，厚革质，银灰色叶面，具两侧不对称的青绿色羽状细斑条，中肋与叶缘亦青绿色。

丽斑竹芋

学名:*Calathea bella*

别名:斑竹丽叶竹芋

硬铁丝状的叶柄长15厘米，叶阔披针形，长30厘米、宽13厘米，叶色类似丽叶斑竹芋，只是羽斑条较粗。

▶叶端扭曲

▲叶基浅歪心形

科拉竹芋

学名：*Calathea* 'Cora'

株高90厘米，叶片中肋浅绿色，具长短不一的深绿色羽状斑条，深绿色宽叶缘，叶背及叶柄紫红色。

▲叶面波浪状凹凸不平

黄苞竹芋

学名： *Calathea crocata*

英名： Gold star

株高约30厘米。叶椭圆形，长12~15厘米、宽7厘米，叶面深橄榄绿、叶背红褐色。穗状花序，花梗紫红色，花期冬至春季。叶、花均具观赏价值。

◀苞片鹅黄色，尖浅绿色

多蒂竹芋

学名： *Calathea* 'Dottie'

株高30~60厘米、幅径60厘米。叶长12厘米、宽10厘米，叶柄长7厘米，叶鞘长5厘米，可弯曲。夜间叶片保持直立，白天叶片呈水平状或斜展。叶中肋以及近叶缘处具一圈亮白或粉红色连续带状斑纹，叶背紫红色。夏秋季开白花。

青纹竹芋

学名：*Calathea elliptica* 'Vitatta'

叶披针形，青绿色叶面、具平行互生的白色羽状双条纹。喜高温、多湿、半阴环境，空气湿度需70%以上，常向叶面喷细水雾，以保持叶片挺立，生长适温18~25℃，低于15℃易受寒害。

银纹竹芋

学名：*Calathea eximia*

叶长椭圆形，深绿色叶面，羽脉布满平行走向的银色条斑由中肋直至叶缘，叶背紫红色。总状花序，管状花，花期6~8月。可耐低温。

青苹果

学名：*Calathea orbifolia*（*C. rotundifolia*）

株高30~60厘米。叶圆肾形，绿叶面的羽侧脉间具银白色条纹，中肋银白色，叶长30厘米。穗状花序。较不耐寒。

▶叶柄长而有力地支撑大圆叶

▲叶中肋凹陷，侧脉隆起

▼叶片平展状

▼类似植物：圆叶竹芋、绿苹果（*C. fasciata*）

▶绿苹果叶背紫红色

贝纹竹芋

学名：*Calathea fucata*

植株小型。叶面的羽状脉以银绿与深绿色不规则交织而成，叶基歪斜，中肋黄绿色，叶背紫红色。圆锥花序顶生。

黄裳竹芋

学名：*Calathea* 'Jester'

叶披针形，叶缘波浪状，深绿色叶面、不规则分布金黄色斑纹，叶长20厘米，叶背浅紫色。总状花序顶生，小花白色。

海伦竹芋

学名：*Calathea* 'Helen Kennedy'

株高30厘米。叶宽椭圆形，叶缘深绿色，中肋黄绿色。穗状花序顶生，小花黄色。

▲暗绿叶面整齐分布灰绿笔刷般斑块

▲叶背紫红色

箭羽竹芋

学名：*Calathea insignis*（*C. lancifolia*）

英名：Rattlesnake plant

株高可达1米。叶片多向上呈直立性伸展；叶椭圆至披针形，长30~40厘米、宽5~10厘米；叶面黄绿色，沿侧脉规则地交互分布着大小不一的椭圆形墨绿色块斑，叶缘波浪状。

◀株型与叶色优美的盆栽

▶叶背紫红色

翠锦竹芋

学名：*Calathea leopardina*

别名：熊猫竹芋、爱雅竹芋、优雅竹芋

株高约40厘米。叶卵披针形，长15厘米、宽5厘米，翠绿叶面近中肋两侧、羽状分布深橄榄绿的长卵形斑条，叶背色浅绿、泛铜紫晕彩。总状花序以穗状排列，小花淡黄色。果初为绿色、熟转褐色。因叶色鲜丽明度高，盆景宜放置于光线较明亮的窗边养护。

◀叶色亮绿，光滑蜡质

▲叶片由翠绿色长柄支撑

林登竹芋

学名： *Calathea lindeniana*

株高100厘米。叶柄长且直立，单叶互生，叶卵椭圆形，深绿色带有紫晕彩斑带，近中肋与叶缘呈浅绿色、叶背较紫红。总状花序，管状花黄色，花期6~8月。可耐低温。

女王竹芋

学名： *Calathea louisae* ‘Maui Queen’

别名： 白竹芋

株高90厘米。叶卵椭圆形，长15~30厘米，浓绿色叶面，中肋两侧、沿羽脉具银灰浅绿色短笔刷斑条，叶背紫红色。穗状花序长约6厘米，苞片浅绿色，小花黄或白色。

罗氏竹芋

学名：*Calathea loeseneri*

别名：莲花竹芋

株高30~50厘米。叶长椭圆至卵椭圆形，长15~20厘米、宽5~8厘米，绿色叶面光滑，叶基歪。热带地区全年开花，穗状花序呈圆球状，约5厘米，花梗短，小花黄色。喜温暖阴湿环境。

▼细长叶柄直出

▼叶背浅绿、中肋黄绿色，羽脉深色

▼叶中肋呈白色纹带

▼*C. loesneri* 'Lotus Pink' 具大型粉红色苞片，其中着生白色小花，具观花性

▲粉花

泰国美人竹芋

学名： *Calathea louisae* 'Thai Beauty'

株高30厘米。叶披针形，黄绿色叶面、夹杂深浅不一的绿斑，位置亦不固定，叶背浅紫色。

雪茄竹芋

学名： *Calathea lutea*

株高可达3米。灰绿叶面具长柄，叶背银白、布蜡粉，用以反射强光，以避免叶片灼伤。棍棒状花序长30厘米，外形如雪茄，由两排褐色苞片组成，可供切花观赏；小花黄色，自苞片中伸出，小而不显眼。植株优美，可作为大型盆栽观赏。

竹芋科

白羽竹芋

学名：*Calathea majestica* 'Albo-lineata'

别名：线纹大竹芋、彗星竹芋

株高可达1.5米。叶柄长，叶背紫红色，叶长椭圆形，绿叶面的中肋两侧沿羽状侧脉密布白色平行斑纹，叶缘绿色。

金星竹芋

学名：*Calathea majestica* 'Goldstar'

叶椭圆至披针形，叶面深绿色，中肋两侧的羽脉呈金黄色条纹。

绿道竹芋

学名： *Calathea majestica* ‘Princeps’

株高可达90厘米，叶长椭圆形，浅绿色叶面的羽脉、叶缘与中肋呈墨绿色，幼叶色彩较老叶对比明显，叶背紫红色。总状花序，小花对生，花冠圆筒柱状。冬季需充足日照，生长适温15~25℃。

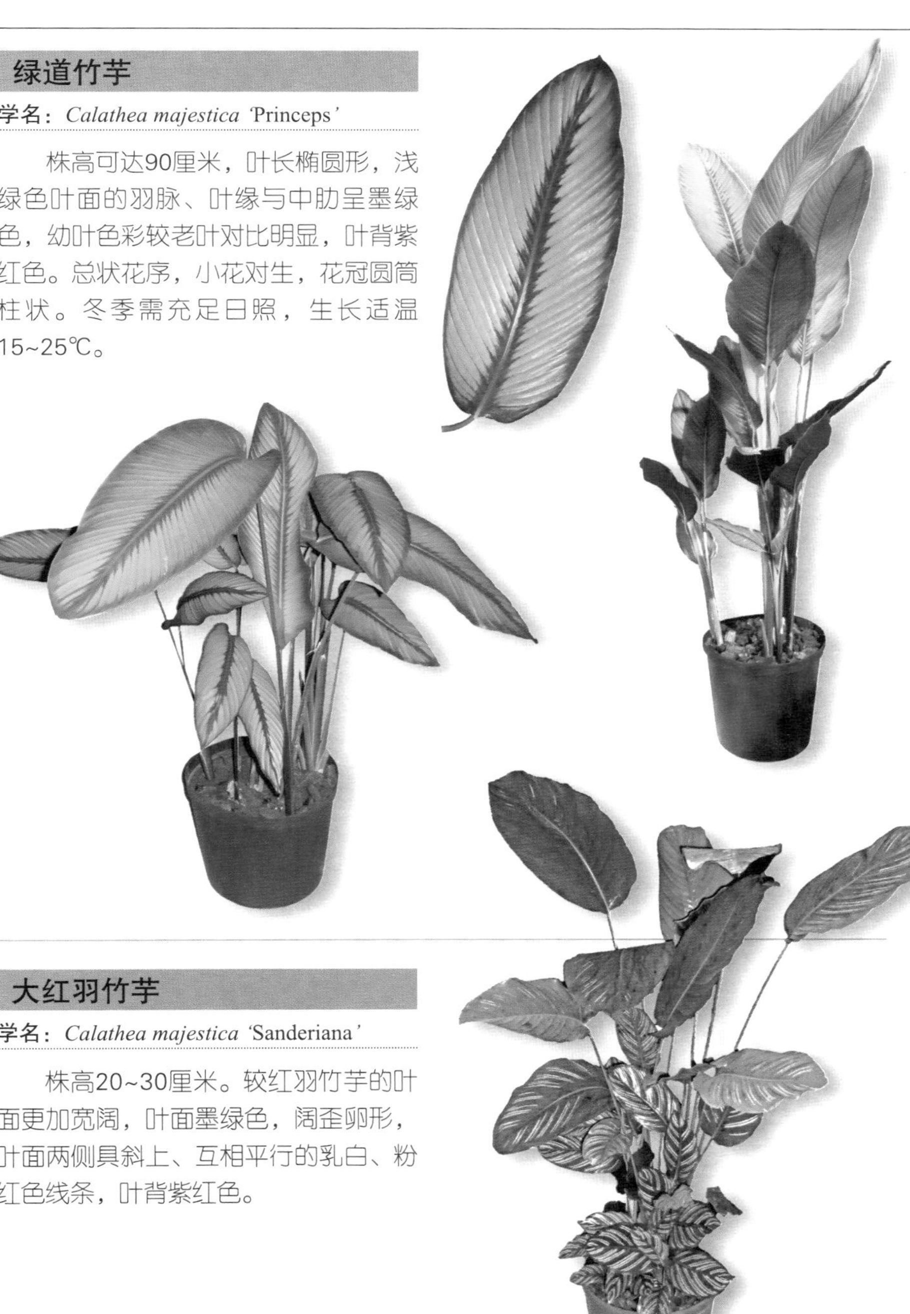

大红羽竹芋

学名： *Calathea majestica* ‘Sanderiana’

株高20~30厘米。较红羽竹芋的叶面更加宽阔，叶面墨绿色，阔歪卵形，叶面两侧具斜上、互相平行的乳白、粉红色线条，叶背紫红色。

红羽竹芋

学名： *Calathea majestica* ‘Roseolineata’（*C. ornate, C. ornata* ‘Roseo-lineata’ *C. princeps*）

别名： 红条斑饰竹芋、红纹竹芋、饰叶肖竹芋、红羽肖竹芋

叶长椭圆至阔披针形，长20~30厘米、宽5~10厘米，橄榄绿叶面，沿羽侧脉平行分布着玫瑰红斑条，叶背紫红色。穗状花序。蒴果，坚果状，球形。耐寒，不耐干旱。

▲长叶柄、直立撑起大型叶片

◀叶背紫红色

▲老叶斑条转白色

▲叶色多变化，新叶泛红

孔雀竹芋

学名：*Calathea makoyana*

英名：Peacock plant

株高30~40厘米，甚至可高达90厘米，具块状根茎。细长叶柄紫红色、披白色茸毛。叶卵椭圆形，长30厘米、宽10厘米，全缘，浅绿色叶面的羽状侧脉及叶缘深绿色。夜间，从叶鞘至整个叶片均呈向上抱茎状，如同睡眠状态，于翌晨阳光照射后再次开展。不耐寒，生长最低限温7℃，越冬温度偏低时叶片易卷曲。

▼叶背块斑紫红色

▲叶面中肋两侧分布长短不一的橄榄绿色条斑

迷你竹芋

学名：*Calathea micans*

小型植株，株高5~8厘米。单叶互生，叶卵形，叶面墨绿色，中肋具银白色短斑连续性带纹。总状花序，漏斗状花白色，花期6~8月。生长最低限温1℃。

羊脂玉竹芋

学名： *Calathea micans* ‘Grey-green Form’

叶椭圆形，浅绿色，具朦胧的绿色羽状斑纹，因叶面光泽和质地如羊脂玉般，故名之。叶背银白色，羽脉深绿明显。花白、浅紫色。

翠叶竹芋

学名： *Calathea mirabilis*

植株矮小，株高30厘米。叶椭圆形，叶基歪，叶面银绿色，中肋两侧沿羽状侧脉分布深绿色斑纹，斑纹近对生，叶缘深绿色，叶背灰绿色。

马赛克竹芋

学名： *Calathea musaica*

别名： 网纹竹芋

黄绿色的长叶柄，叶缘波浪状，叶面不平整。长椭圆形叶、色亮绿。花白色，圆锥花序，花少且不明显，花柄短，蒴果。

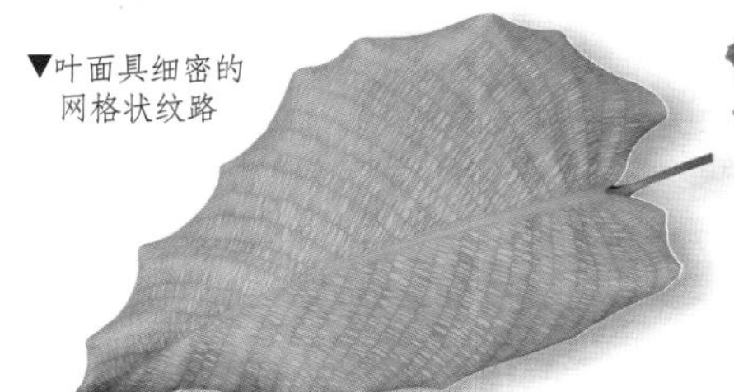

▼叶面具细密的网格状纹路

▲叶缘波浪状

银道竹芋

学名：*Calathea picturata* 'Argentea'（*Calathea* × *Cornona*）

学名：银脉肖竹芋

株高45厘米。叶柄直立，长25厘米。叶椭圆形，长15厘米、宽8厘米，中肋黄绿色。花穗长10厘米，瘦长形。蒴果，果熟呈褐色。

猫眼竹芋

学名：*Calathea picturata* 'Vandenheckei'

株高50厘米、幅径50厘米。叶面平展，长8~13厘米，深绿色，近叶缘有一圈椭圆形的白色斑环，中肋银灰色宽斑条，叶柄及叶背紫红色。花白色、漏斗状。

安吉拉竹芋

学名：*Calathea roseopicta* 'Angela'

株高30厘米、幅径45厘米。叶卵形，叶身中央分布着深绿、浅绿相间的条纹，近叶缘有一圈椭圆形的白色斑环，叶柄紫红色、叶缘深绿色，生长最低限温10℃。

▼叶面常泛粉红色晕彩

▼叶背紫红色

▶叶面平整富光泽

辛西娅竹芋

学名：*Calathea roseopicta* 'Cynthia'

叶椭圆形，深绿色，中肋银白色，叶缘镶阔白边，叶面偶泛粉红色，叶柄及叶背紫红色。总状花序顶生，小花白色。半日照佳。

彩虹竹芋

学名：*Calathea roseopicta* 'Illustris'

英名：Calathea roseopicta

株高30~60厘米。叶柄长30厘米，叶椭圆形，长30厘米、宽20厘米，叶基歪，叶面平滑富有光泽，浓橄榄绿色，中肋粉红至浅绿，近叶缘处有一圈椭圆形的粉白色斑环。生长缓慢，耐寒力差。

▶叶背紫红色

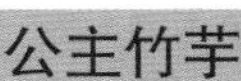

◀叶柄紫红色

公主竹芋

学名：*Calathea roseopicta* 'Princess'

叶卵椭圆形，深绿色，近叶缘有一圈白色圆形斑纹，中肋白色。生长最低限温15℃。叶片类似猫眼竹芋，只是公主竹芋的叶片较宽、中肋白斑条较细，近叶缘的白色条斑呈锯齿状。

竹芋科

红背竹芋

学名： *Calathea rufibarba*

英名： Furry feather calathea

别名： 浪羽竹芋、浪心竹芋

株高50厘米，叶柄紫红色披细毛，叶长披针状，橄榄绿色、中肋黄绿色，长20厘米。圆锥花序，花冠管圆柱状，黄色，丛生于植株基部，3苞片紫色，花期春季。

▼叶全缘波浪状

▲叶面光滑富光泽，羽状细侧脉深绿色

◀叶背紫红色、密布细毛

蓝草竹芋

学名： *Calathea rufibarba* 'Blue Grass'

株高50厘米，全株绿色披细毛。叶长披针形，翠绿色。小花金黄色，丛生于植株基部，花期春季。喜温暖湿润的半日照环境。

毛竹芋

学名： *Calathea* sp.

全株被白色细毛。叶柄粗壮直立、黄绿色，叶椭圆形，深绿色，平展，中肋黄绿色，浅绿色羽脉间凹陷。白色花序顶生，小花白色。

皱叶竹芋

学名： *Calathea* sp.

叶狭披针形，墨绿色，中肋凹陷白绿色，叶背紫红色，叶缘波浪状，叶面随羽状侧脉凹凸起伏。

黄肋竹芋

学名： *Calathea* sp.

叶柄直立细长，叶椭圆形，墨绿色，中肋黄绿色，叶背灰绿白色，偶披紫色晕彩。穗状花序，小花黄色。

条纹竹芋

学名： *Calathea* sp.

叶椭圆形，银绿色叶面，由中肋至叶缘密布深绿色羽状斑条，中肋黄绿色。

方角竹芋

学名： *Calathea stromata*
（*Ctenanthe burle-marxii*）

别名： 凤眉竹芋

叶柄紫红色，叶长12厘米、宽4厘米，浅绿色，薄革质，近长方形，叶端截形具突尖。

▲叶背紫红色，叶脉明显

▼叶中肋两侧具鱼骨状排列的深绿色斑条

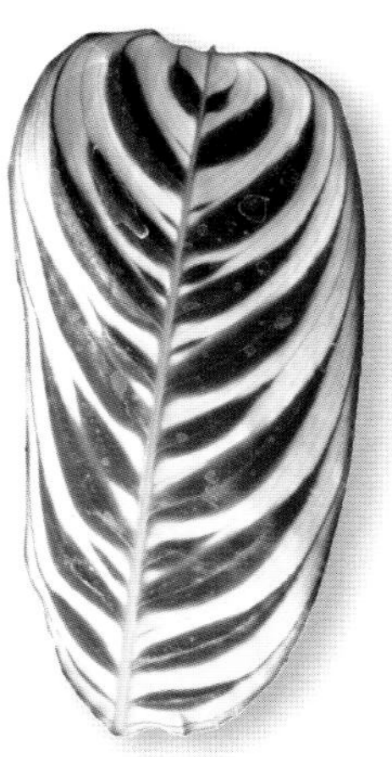

►植株低矮，叶片多平展下垂

波缘竹芋

学名：*Calathea undulata*

植株矮小，株高30厘米。叶卵形，墨绿色，银绿色中肋具锯齿状短突纹，叶背紫红色。总状花序，管状花白色，苞片绿色，花期6～8月。生长最低限温-7℃。

脊斑竹芋

学名：*Calathea varigata*

叶柄细长有力，叶长椭圆形，绿叶中肋两侧有脊柱状的深绿色斑纹，叶背紫红色。总状花序，管状花，花期6~8月。生长最低限温-7℃。

美丽竹芋

学名： *Calathea veitchiana*

株高可达120厘米。叶卵椭圆形，长30厘米、宽15厘米，叶基圆，叶端钝有短突尖，全缘波状。叶面的中肋与叶缘青绿色，另有白、深绿两圈不同色彩的环形斑纹。

▶叶面具多层色彩

◀叶柄及叶背紫红色

紫背天鹅绒竹芋

学名： *Calathea warscewiczii*

别名：瓦西斑竹芋、瓦氏竹芋

叶柄肥大，绿色泛紫红色晕彩。叶长椭圆形，绒质、深绿色，中肋条白色，附近分布鱼尾状翠绿斑块。总状花序，花乳白色，冠筒圆柱状，苞片卵状，层层相叠，花期冬季。

▲叶背紫红色

◀叶面随羽脉线凹凸

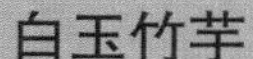

白玉竹芋

学名： *Calathea* 'White Jade'
（*C.* 'Silver Plate'）

株高40~60厘米，叶宽椭圆形，叶面银白色、叶缘镶深绿色细边，叶柄及叶背紫红色。花序紫红色，花浅紫色。

绿道竹芋

学名： *Calathea* 'Wilson's Princep'

株高可达90厘米。叶柄长45厘米，叶长椭圆或卵披针形，长45厘米，中肋及叶缘暗橄榄绿色，沿羽状侧脉有多数细密分布的斜走黄绿至浅绿色斑条。类似美丽的星竹芋，但绿道竹芋的绿道更长且更多，且不会出现其他色彩细斑条。

◀叶面翠绿与橄榄绿相间

▶叶背紫红色

沃特肖竹芋

学名： *Calathea wiotii*

植株矮小，株高15厘米。叶长15厘米，椭圆形绿色叶面，具大小不一的椭圆形深绿色块斑。总状花序，管状花。生长最低限温–7℃。叶片类似箭羽竹芋，但沃特肖竹芋的叶片较短，植株低矮，叶背非全面浓紫红色。

斑马竹芋

学名： *Calathea zebrina*

英名： Zebra plant

英名： 斑叶竹芋

叶长椭圆形，长30~60厘米、宽10~20厘米，鹅绒状的淡绿至灰绿叶色，披白色细毛，中肋黄绿色。总状花序顶生，花冠紫色，喉处白色，苞片黄绿色。熟果褐色。

◀叶背银白色，泛浅紫红色

◀具规则排列的黑绿带状如斑马条纹般

▶株高40~100厘米

Ctenanthe

多年生草本植物，原产地在巴西。特殊处为其小花躲藏于宿存的绿色苞片中，小花密集成顶生穗状或总状花序，3萼片离生，花冠3裂，并具有短花筒，稔性雄蕊1，无稔性雄蕊4，外侧2雄蕊似花瓣，子房下位，1室。

柳眉竹芋

学名：*Ctenanthe burle-marxii* 'Amagris'

株高40厘米、幅径40厘米。叶近矩形，叶端截形微突尖，银绿色叶、羽脉深绿色如柳眉般的细条纹，叶背淡紫色。生长最低限温15℃。

●类似植物：凤眉竹芋（*C. burle-marxii*），不同处是凤眉竹芋的斑条较粗，且长短夹列。

▶类似植物：凤眉竹芋

紫虎竹芋

学名： *Ctenanthe burle-marxii* 'Purple Tiger'

叶近矩形，青绿色，具镰刀形的深绿色羽状斑纹，叶背紫红色。

锦斑栉花竹芋

学名： *Ctenanthe lubbersiana*

株高60厘米，叶长椭圆近长方形，长25厘米、宽8厘米，浅绿色，叶端短突尖，叶背色较浅。沿羽侧脉交杂着浓绿至乳黄色的块斑，图案琐碎不规则。

栉花竹芋

学名： *Ctenanthe lubbersiana* 'Bamburanta'

株高70厘米、幅径60厘米。叶近矩形，叶端钝、具短突尖。小花白色。喜湿润、排水良好的腐殖质土壤。

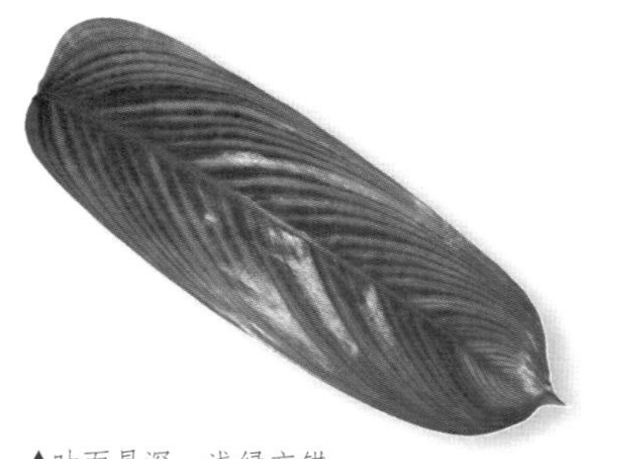

▲叶面具深、浅绿交错的羽状斑纹

▼茎如竹子般分枝

▶叶柄基部鞘状抱茎，茎与叶片接合处具膨胀叶枕

黄斑竹芋

学名： *Ctenanthe lubbersiana* 'Happy Dream'

株高60厘米，茎枝分叉状，黄绿色，小枝的茎叶常分布于同一平面，如扇状开展。叶近矩形，绿色，长20厘米、宽8厘米，叶面沿侧脉具不规则黄色块斑，叶背浅绿色。总状花序球形，小花白色。

银羽斑竹芋

学名： *Ctenanthe oppenheimiana,* （*C. setosa*）

别名： 银羽竹芋

株高90厘米，可高达2米，具直立性走茎，走茎末端丛生叶片。叶柄和叶鞘有毛，叶披针形，长45厘米、宽12厘米，暗绿色，叶缘深绿色。总状花序，花序柄长10厘米，花成对，长7厘米。

▲叶面沿侧脉分布10~12对银灰色羽状斑条

▶叶背紫红色

▶类似植物：银星竹芋（*C. setosa* 'Grey Star'）

锦竹芋

学名： *Ctenanthe oppenheimiana* 'Tricolor'

英名： Never-never plant

叶柄与叶片接合处具膨大叶枕，紫红色，撑持叶片呈90° 角，叶近矩形，长30厘米、宽5厘米。喜较强光照，耐寒力较差。

▶绿叶面具乳白色羽状条斑

▶叶背紫红色

Donax

兰屿竹芋

学名：*Donax canniformis*

英名：Canna like Dona

别名：戈燕、竹叶蕉

原产地：云南、广东、台湾兰屿

株高1~3米，茎分枝的基部有一舌状苞片，叶着生于分枝上部。叶鞘抱茎，叶柄和叶鞘有茸毛，叶卵长椭圆形，长10厘米、宽5厘米，叶端突尖，羽状脉明显，全缘。圆锥花序，花成对顶生，苞片长，萼片短。蒴果球形，径1.2厘米，平滑不开裂。

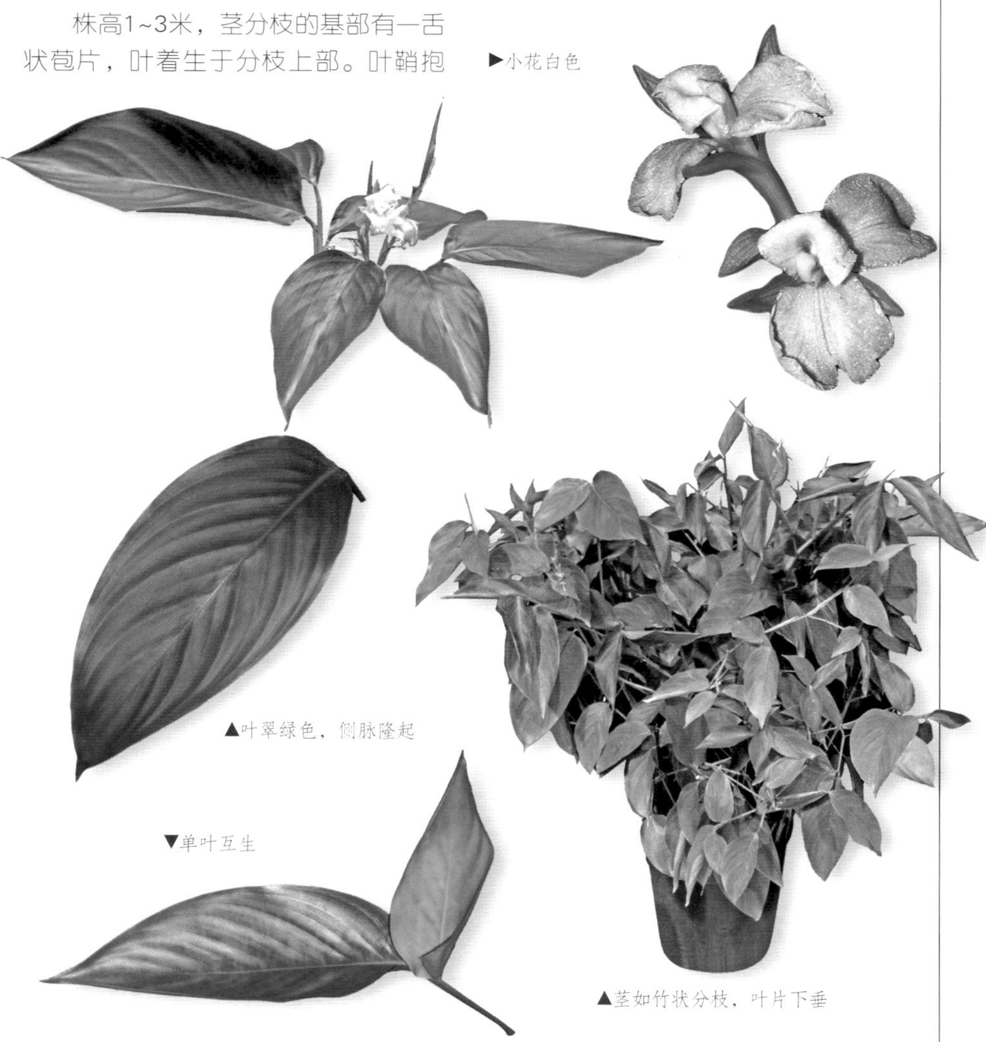

▶小花白色

▲叶翠绿色，侧脉隆起

▼单叶互生

▲茎如竹状分枝，叶片下垂

Maranta

常绿宿根草本植物，原产于美洲热带。地下部有块状根茎，叶基生或茎生，叶片常具美丽色彩。与竹芋不同处为子房3室，雄蕊退化为1枚花瓣状，短总状花序或球状花序，不分枝。性喜温暖湿润及半阴环境，夏季高温季节需注意遮阴降温，生长适温15~25℃，冬季需充足光照，喜肥沃疏松土壤，可用腐叶土、泥炭土和沙土混合，冬季温度不低于7℃。

竹芋

学名：*Maranta arundinacea*

别名：葛郁金、金笋、粉姜、藕仔薯

全株披细毛，根状茎肉质，白色棍棒状，上端纺锤形，长5~15厘米，含淀粉可食用。叶柄长，叶卵披针形，长30厘米、宽10厘米，全缘。总状花序顶生，花冠白色。坚果褐色，长0.7厘米，花果期夏、秋季。

- 类似植物：红竹芋，叶片中肋、叶柄、叶鞘以及块茎均为紫红色。
- 类似植物：白纹竹芋（*M. Arundinacea* 'Variegata'），叶片不同处是具有白色斑纹。

▲类似植物：白纹竹芋

▶类似植物：红竹芋

▲株高40~100厘米

豹纹竹芋

学名： *Maranta bicolor*（*Calathea bicolor*, *M. leuconeura* var. *kerchoveana*）

英名： Prayer plant, Rabbit's tracks

生长缓慢，植株不高，仅20~30厘米。叶椭圆形，灰绿色，长15厘米、宽8厘米，叶背银灰绿色，晚间叶片会向上聚拢闭合，似祈祷之手，故英名为Prayer plant。小花白色对生，具紫色斑条，花期春、夏季。

- 类似植物：小豹纹竹芋（*M. depressa*），特色是叶片较小，叶面豹纹斑块较少。

▼叶面斑块如兔子脚印，故英名为Rabbit's tracks

▲小豹纹竹芋叶片

▶叶面中肋两侧具5~8大小不一的褐色块斑

▶小豹纹竹芋开花

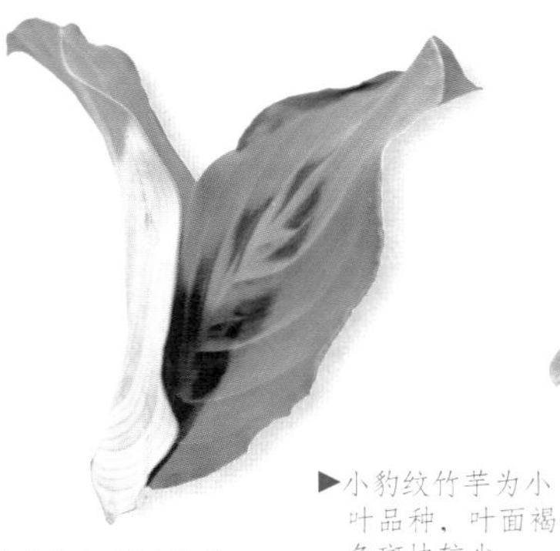

▲叶片如祈祷的手

▶小豹纹竹芋为小叶品种，叶面褐色斑块较少

花叶竹芋

学名： *Maranta cristata*

叶椭圆形，沿中肋具骨状浅灰绿色羽斑，块斑间凹槽呈深绿色。小花白色。类似豹纹竹芋，不同处在于其绿叶面的中肋附近为浅灰绿色。

金美丽竹芋

学名： *Maranta leuconeura* 'Beauty Kim'

豹纹竹芋的黄斑叶品种，不同处是其叶面侧脉间不规则散布黄绿色块斑、斑点等。株高60厘米。叶椭圆形，绿色蜡质。喜温暖潮湿，湿度不足会导致叶面枯黄，生长较缓慢。

双色竹芋

学名：*Maranta leuconeura* 'Emerald Beauty'
（*M. leuconeura* 'Massangeana'，
M. leuconeura）

别名：银道白脉竹芋

叶椭圆形，长15厘米、宽10厘米，中肋具宽骨状浅灰绿色宽斑条，间隔3~4条侧脉，即有一侧脉呈白色细斑条延伸至叶缘。

竹芋科

白脉竹芋

学名：*Maranta leuconeura* var. *leuconeura*

株高30厘米。叶椭圆形、深绿色，羽状侧脉走向有银白色细长斑条至叶缘，中肋另有短银白色斑条，叶背红紫色。小花白色。耐干旱，需水量少，1~2周浇一次水即可，生长最低限温15℃。

红脉竹芋

学名： *Maranta leuconeura* 'Erythrophylla' (*M. leuconeura* var. *erythroneura, M. tricolor*)

英名： Red-vined prayer plant，Red-vein maranta, Red nerve plant，Banded arrowroot

别名： 红脉豹纹竹芋、红豹纹蕉

茎丛生状。叶鞘抱茎，叶柄短且有翅翼，叶椭圆形，橄榄绿色，长10厘米、宽6厘米，中肋红色，中肋两侧有银绿的锯齿状块斑，羽脉间具深绿色块状斑纹，似鲱鱼骨状的花纹。伞形花序，花冠筒形，小花白或淡紫色，具紫色斑点，3花瓣，端部心状裂。蒴果球形。

▼植株低矮铺地，叶片平展

▲羽状侧脉鲜红色

▶叶背紫红色

小竹芋

学名： *Maranta lietzei*

株高60厘米，叶长22厘米，卵披针形，深绿色叶面、具浅绿色羽状斑纹，全缘波浪状，叶背披紫色晕彩。总状花序，花白色顶生。母株上会发生直立性走茎，走茎末端丛生小叶片，可分株另成一新植株。

▶走茎繁殖

曼尼芦竹芋

学名： *Marantochloa mannii*

植株直立，株高可达4米。叶披针形，长25厘米、宽14厘米，茎、叶柄以及叶背红褐色，绿色叶面，中肋凹陷而侧脉隆起，随光影而呈现不同色彩变化。圆锥花序长40厘米，多分枝，小花白至粉红色，左右对称，长0.7厘米。果红色，富光泽，种子褐或灰黑色。

Phrynium

斑马柊叶

学名： *Phrynium villosulum*

原产地： 马来西亚至加里曼丹岛和苏门答腊岛

株高2米，具地下根茎。叶柄直立细长，叶面绿色、分布羽状深色斑条，叶片下垂状。总状花序，小花白色，花萼红色。喜潮湿土壤。

Pleiostachya

小麦竹芋

学名： *Pleiostachya pruinosa*

英名： Wheat calathea

原产地： 中美洲

株高1.5~3米。叶柄直立细长，浅褐色，叶长椭圆形，青绿色，叶背红褐色。花序外形似小麦而得名，花紫色，苞片浅绿色，花谢后呈禾秆色，披白色长毛。喜稍遮阴的环境。

Stachyphrynium

八字穗花柊叶

学名： *Stachyphrynium repens*

原产地： 亚洲

株高30厘米。叶柄黄绿色，基部具叶鞘，叶长椭圆形，绿色叶面的中肋分布着近于对生的深绿色羽状斑条状如八字。总状花序顶生。果椭圆形，熟会开裂。

- 类似植物：穗花柊叶（*S. jagorianum*）。

▼八字穗花柊叶

▼▶穗花柊叶

Stromanthe

原产热带南美洲。多具地下根茎，亦具地上部茎枝，叶片在茎枝上呈二列状，具长叶柄。总状或圆锥花序，花轴长、曲折状，具暂存性多彩苞片，小花3裂，花筒短，1稔性雄蕊，4小型无稔性雄蕊。

红里蕉

学名：*Stromanthe sanguinea*

株高可达150厘米。叶长椭圆形，长40~50厘米、宽8~15厘米，叶面沿羽侧脉波浪起伏，色彩亦随之变化。总状花序顶生，常于冬日绽放花朵，色彩鲜艳，具观花性。花梗长30厘米，绿色并带紫红色，具数多且密集的白色小花。

▼叶背紫红色

◀蜡质苞片及萼片均为樱桃红

▼叶面暗绿色，中肋浅绿色

◀类似植物：花斑彩虹竹芋（*S. thalia*）

紫背锦竹芋

学名：*Stromanthe sanguinea* 'Triostar'（*S. sanguinea* 'Tricolor'，*Ctenanthe oppenheimiana* 'Quadricilor'）

别名：艳锦竹芋、彩叶竹芋、三色竹芋、斑叶红里蕉

地下根茎丛生。具明显叶柄，柄基成鞘状，长椭圆披针形叶，全缘微卷。总状花序顶生，花序梗长，自叶丛中抽生，花冠白色。蒴果初为绿色，熟转褐色。

▲小花穗状排列，色彩鲜艳，具观花性

▼叶背紫红色

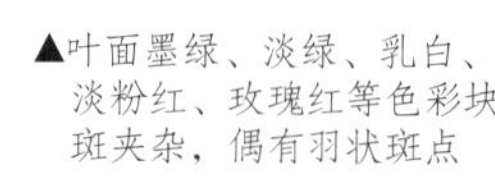

▲叶面墨绿、淡绿、乳白、淡粉红、玫瑰红等色彩块斑夹杂，偶有羽状斑点

Thalia

水竹芋

学名：*Thalia dealbata*

别名：水莲蕉、再力花

原产地：美国南部和墨西哥沼泽

株高2米，具地下根茎。叶柄细长直立，叶卵披针形，长20~40厘米、宽10~15厘米，蓝绿色，披白粉。

圆锥花序，细长花茎可高达3米，有数量多的紫色小花，花冠淡紫色，苞片粉白色穗状，花期7~9月，外形似美人蕉。

喜温暖多湿、日照及排水良好的环境，耐半日照以及高温。为挺水植物，适合作为室内水景。

垂花水竹芋

学名：*Thalia geniculata*

别名：鳄鱼旗、再力花

原产地：热带美洲

多年生挺水性水生植物，株高2~3米，具地下根茎。叶柄颇长，叶鞘抱茎，单叶互生，叶三角状披针形，长20~40厘米、宽15厘米，青绿色，叶面被白粉。

穗状圆锥花序，花茎细长弯垂，长达3米，花序轴呈“Z”字形，花紫色被纤毛，苞片粉白色、被细茸毛，花期5~9月。果实近椭圆形，熟时褐色，果期8~10月。

红鞘水竹芋

学名： *Thalia geniculata* 'Red-Stemmed'

原产地：热带美洲

株高2米。叶柄颇长，叶鞘暗红色，叶片三角状披针形，长75厘米、宽25厘米，蜡质，叶背浅绿色。

花序下垂，花紫色顶生，吊挂在"Z"字形的花序轴上，花期夏季。小果约1厘米。喜强日照、土壤潮湿的环境，类似垂花水竹芋，但此种叶鞘为红色。

Thaumatococcus

神秘果竹芋

学名： *Thaumatococcus daniellii*

原产地：热带美洲

株高3米，具地下茎。叶柄直立细长，叶卵椭圆形，长45厘米、宽30厘米。花粉紫色，长3厘米。假种皮红色，含索马甜（Thaumatin）蛋白，近似三角锥，其甜度为蔗糖的2000倍，可作为代糖，种子黑色。生长最低限温-1℃。

桑科

Moraceae

Dorstenia

分布广泛，包括：阿拉伯半岛、印度、非洲，以及热带美洲等。根茎多肥厚，株型、叶形多变化，但花序皆呈盘状，耐寒性差，寒冷地区需栽培于温室。有毒，误食会对人体造成伤害。

黑魔盘

学名： *Dorstenia elata*

英名： Congo fig

别名： 厚叶盘花木、刚果无花果

原产地： 巴西

叶披针形，青绿色、革质，长25厘米、宽11厘米。绿色小花呈颗粒状密布于花序盘上。果实成熟会自动弹出种子而自行播种，故常簇群生长。喜潮湿环境，对光照要求不严。

▲小果白色

▲花序特殊，似镶皱边的浅盘

▶株高40~45厘米

Ficus

榕属有一群适于盆栽放置室内的植物，多为常绿乔木、灌木或藤本，雌雄同株或异株，茎枝具有乳汁，多原产自热带地区。单叶互生，叶多全缘、革质，花为单性小花，着生于肉质壶内的隐头花序，而后成熟为隐花果，这是此属专有特色。盆钵栽培时，为限制其生长速率，多选用较小些的盆器，免得生长太快、太高大，管理养护较麻烦。

▼榕属的缅树品种，叶色多变化

垂榕

学名： *Ficus benjamina*

英名： Benjamin fig
Small-leaved rubber plant
Weeping fig, White bark fig

原产地：中国、印度、马来西亚

又名白榕，于大型室内空间展示，颇能展现热带风情，是颇受欢迎的室内大型盆栽之一。于热带雨林区可长得相当高大，常绿性大乔木，因其耐阴性良好，以盆钵栽植时可限制其生长，适合作为室内大型盆栽。

分枝呈弯拱下垂状，短柄长1~1.5厘米，椭圆形叶互生，长7~10厘米、宽3~5厘米，叶面的羽状侧脉多对细密分布，叶基钝圆略歪，革质，老叶浓绿富光泽，全缘微波状。室内光线不佳，少见开花结果。可播种、扦插或高压繁殖。栽培用土选择不限，只是浇水不可过勤，每次待盆土干松后再彻底浇透即可。

▶斑叶垂榕

▲乳叶垂榕

▲叶片常下垂，叶端钝有尖尾

▶中央主干直立，灰白浅褐色

印度胶树

学名： *Ficus elastica*

英名： Rubber plant

别名： 缅树、橡皮树、印度榕

原产地： 印度尼西亚、印度、马来西亚

常绿乔木，有些品种颇适合盆栽放置室内供观赏。单叶互生，椭圆形叶，长20~35厘米、宽12~20厘米，羽状侧脉多，叶端锐或有突尖，叶基钝圆，叶两面平滑无毛茸，厚革质，全缘。

印度胶树叶芽插繁殖

1 剪下已生长一段时日、茎枝充实的枝条

2 每段枝条带一叶做成插穗，枝条上部只需突出叶腋，全长约2厘米即可

3 叶片硕大，会因蒸腾作用而失散较多水分，因此削去部分叶片，将插穗基部蘸促进发根的生长素

4 泥炭土与沙各半混匀的基质装盆后，埋入插穗，使叶腋的腋芽正好露出土面之外即可，需压实

5 约6个月腋芽抽长成一健康枝条，即可定植

印度胶树高压法繁殖

1 春天，将枝梢下方15~22厘米处的叶片切除

2 于此除叶的节处下方，由下向上将树皮斜切开，切面长3.5~5厘米

3 切口斜面上涂上促进生根的粉剂

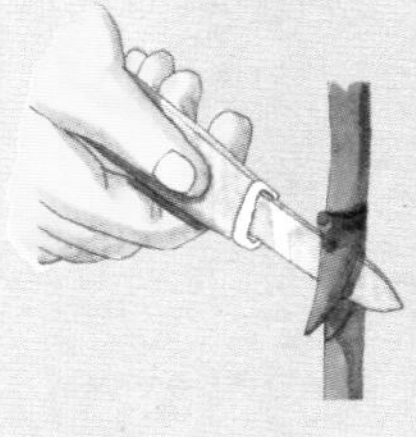

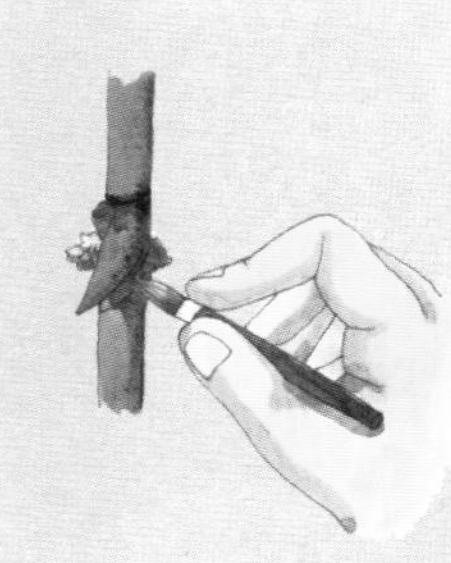

4 以透明塑料薄膜做成袋状，环绕切口，并用塑料绳将此袋口下方扎紧

5 袋内填入充分吸水并沥去多余水分的水苔后，扎绑上方袋口

6 数月后，自透明塑料薄膜可看见其根群已发生时，就可将塑料薄膜解下，并自根群下方切断

7 定植于盆钵中

黑王子缅树

学名： *Ficus elastica* 'Black Prince'

叶身宽大平整，叶面墨绿色颇富光泽。

红缅树

学名： *Ficus elastic* 'Decora'

绿色叶面上泛紫红晕彩，叶背中肋较艳红、叶色红晕彩明显。托叶大型膜质，包被幼芽，常呈鲜艳的红粉色，于枝梢挺立，而别具观赏性。叶抽长后此托叶即自行脱落，并在茎节处留下一圈环形的托叶痕。

美叶缅树

学名： *Ficus elastica* 'Decora Tricolor'

绿叶面上分布大小不一的乳斑块及镶边，新叶带红晕彩，色彩较富丽。

乳斑纹缅树

学名： *Ficus elastica* 'Robusta'

浅绿至翠绿叶面、分布乳白带粉晕的斑块及镶边，叶色淡雅清爽。

琴叶榕

学名： *Ficus lyrata*

英名： Fiddle-leaf fig

原产地： **热带非洲**

常绿乔木，主干色黑直立生长。提琴状的单叶互生，叶柄长2厘米，叶长15~40厘米、宽13~20厘米，全缘波浪状。繁殖可用扦插或高压法。因其叶片硕大，分枝斜向生长，所占空间较多，适合大型室内空间摆放。性喜温暖，适合半日照或散射光，亦可容忍阴暗角落。盆土不可常成湿润状，需保持稍微干松，较利于生长，浇水切忌太勤快。

▼叶端钝或略凹，叶基耳状

▶叶片大、色浓绿富光泽

榕树

学名： *Ficus microcarpa*

英名： Chinese banyan

别名： **正榕、细叶榕**

常绿大乔木。叶卵形，深绿色，革质，长4~8厘米、宽3~4厘米。

▶隐花果腋生，近扁球形

▶经特殊肥培的人参榕，初生根膨大呈块状，常作为小品盆景

薜荔

学名： *Ficus pumila*

英名： Climbing fig, Creeping fig

原产地： 中国台湾

常绿蔓藤，叶片小（种名 *pumila* 即是小的意思），质感细致，适吊钵或桌上小品盆景。单叶互生，卵心形，羽状侧脉3~5对，叶面浓绿平滑、偶有小突起，叶端钝而微凹，全缘，叶背浅绿色。钵植时叶长约2厘米、宽1.5厘米，具0.2~0.5厘米长的浅色短柄。繁殖多采用扦插法，剪取5厘米长的枝条，留下2~4片叶子，将插穗下部叶片摘除，埋入基质，注意供水或予以喷雾，一个月可发出新叶。性喜温暖、耐寒性亦强，对日照适应颇具弹性，在全日照或散射光处，甚至阴暗角落亦可残存，但以散射光或半日照环境较适宜。

盆栽时特别需注意供水，喜好润湿土壤，切忌干旱，即使冬日低温时，也不可忽略，一旦土壤完全干松，植株叶片易枯萎皱缩，且无法复原。只有将枯枝叶剪除，再充分灌水，可能发出新生枝叶，再度呈现焕然一新的姿态。茎枝节处易发生不定根，借以紧密贴附墙面或蛇木板、柱，因其叶片在茎枝上呈二列状着生，且叶柄短小，贴附性颇佳，枝叶紧紧地贴着柱面发展。亦为一良好的地被植物，尤其在光线差的室内，可于大盆钵的土面铺布。

▲叶色多变

▲枝节处易发生不定根

▶斑叶品种

◀斑叶薜荔枝条抽长会弯垂

▲新叶红色，枝腋有成对的膜质托叶

◀一般种，植株呈蔓性生长

▲细叶、迷你种

▶中肋具白斑的中斑品种

◀叶片小，新叶红色

花蔓榕

学名： *Ficus radicans* 'Variegata'
(*F. sagittata* 'Variegata')

英名： Variegated climbing fig
Variegated rooting fig
Variegated trailing fig

别名： 锦荔

原产地： 热带地区

常绿蔓藤，枝条初呈直立，抽长后横展下垂，为室内吊钵的好材料。叶色具观赏性，单叶互生，披针形，长5~8厘米、宽1.5~2厘米，羽状侧脉10~15对，脆革质，叶端渐尖，叶基浅心形，全缘波状，叶背色淡。

繁殖多用扦插法，剪取10厘米长的半木质化枝条，摘除插穗下部叶片，保留上部叶片，叶片剪去2/3，仅留小部分叶身，可减少水分失散，以提高扦插成活率。

性喜温暖的半日照或散射光，土壤需常保持适当润湿，却不可浸水或全干涸状。空气湿度高较有利于生长，叶片较不易枯干而脱落，造成枯枝情形。生长适温16~26℃，冬日若遇寒流而冻伤时，叶面会出现褐斑，而导致落叶。

▼叶缘镶不规则乳斑

卷心榕

学名： *Ficus* sp.

叶长椭圆形，反卷明显，中肋凹陷，叶尖向下反卷一圈，叶片造型颇特殊。

三角榕

学名： *Ficus triangularis*

英名： Sweetheart tree

原产地： 热带非洲

常绿性的灌木至小乔木。叶长4~6厘米、宽3~5厘米，薄肉质，叶端截形，叶基楔形，全缘略反卷。花后结出一群群粒径1厘米橘红色的果实，也颇引人注意，但须光线好才会结果。播种或扦插繁殖。耐阴，喜半日照或散射光。

▼叶片三角形

▶叶面浓绿，叶柄短

越橘叶蔓榕

学名： *Ficus vaccinioides*

匍匐藤本，枝节处常发生不定根。叶倒卵状椭圆形，几无叶柄，单叶互生，长0.6~3厘米、宽0.6~1厘米，厚纸质，两面疏被毛。隐花果腋生，被毛，浆果初时褐色，熟转紫黑色。

胡椒科

Piperaceae

Peperomia

常绿多年生草本植物，分布于热带及亚热带地区。植株多低矮，株高常不超过30厘米。单叶互生、丛生或轮生，有叶柄，多全缘，常具托叶，并连生于叶柄上。花小型乳白色，常密集着生为肉穗或葇荑花序。

生长适温20~28℃，最低限温10℃，较不耐寒，室温低于5℃时，叶片易变黄脱落。耐阴性强，不宜接受盛夏的强烈阳光直射，日照过强会灼伤叶片，但光照过少则会造成徒长以及叶色暗淡而不美观，斑叶种宜放置于光线明亮的窗口，其斑色较明显而漂亮。本属植物多观叶性，建议将盆栽尽量放置于室内无直射光的明亮窗边，生长较佳，叶色亦较美丽。

叶片厚肉质者较耐干旱，盆土不可经常呈湿润状，每次浇水需彻底湿透，直至盆土干松后，方可再次浇水，盆钵底盘不可长时间积水。簇生型椒草的短茎浸泡水中多日，易造成短茎腐烂，因此土壤以疏松、肥沃、排水与通气良好的砂质壤土为佳，培养土可再混加腐叶土、泥炭土、珍珠岩、粗砂、蛭石等，并掺入适量腐熟的有机肥做基肥。于生长旺季，每2~3周施一次腐熟的稀薄液肥或复合肥，但氮肥不可过量，每月施肥一次，使叶色较鲜绿明亮，过量时叶面的斑色较不明显。病虫害不多，夏季潮湿闷热之时，较易引起红蜘蛛、介壳虫的危害，空气流通则可减少病虫害发生。

茎枝抽伸过长时，可予以修剪，自枝条基部剪下，留3~5节即可。植株若生长过于丛密须予以分盆，适合在春天进行。另外，需注意斑叶种偶尔会长出其原始的绿叶，一旦出现需尽早摘除，当绿叶渐增后，最后可能全株都转为绿叶了。

胡椒科植物生长缓慢，少见病虫害，对环境要求不多，且多具耐旱性，偶尔盆土干涸缺水，短时间内多不会立即呈现萎垂现象，因此养护管理工作不多，偶尔疏忽亦不致造成植株死亡，颇适于一般初学者尝试。多具观叶性，适合放置室内供观赏。

株型有3类：蔓生垂吊型、短缩茎簇生型以及直立型。直立型者可放任其自然生长，亦可摘心使植株矮化丛茂。另因其枝节间易发出气生根，盆钵中可插入一支小的蛇木棒，让植株攀附其上生长。垂吊型者则适合种植成吊盆；簇生型的植株多矮小精致，采用浅盆栽植即可。

多采用扦插（枝插、叶插、水插）或分株法繁殖，于春、秋季施行较适宜；因枝叶厚实，于一般环境即易于繁殖。亦可采用播种法，在果实成熟后，日晒或烘干以取得种子，种子细小常具休眠性，混合细沙后播于育苗盘内，无需覆土，发芽后至少长出4叶片方可定植于盆钵。扦插为主要繁殖方法，枝插则剪取带叶片的枝条2~3节或茎顶段3~5节，7~10厘米长的插穗即可扦插。基质需保水及排水良好，扦插后需保持基质适当湿润，太湿亦不宜，于阴凉通风处约20天发根，4~5周长出新叶片后即可定植于盆钵。另可水插繁殖，插穗插入水中，亦能生根发新叶，但叶片部分不得浸入水中。

倒卵叶蔓椒草

学名：*Peperomia berlandieri*

原产地：墨西哥至哥斯达黎加

全株灰绿色，枝条下垂状，分枝多，茎枝与叶柄具细软毛茸。叶柄短小，叶阔倒卵或窄倒卵形，长0.8~0.9厘米，全缘，叶端圆钝，叶脉仅中肋隐约可见。

◀蔓性植株

▶4单叶轮生

皱叶椒草

学名：*Peperomia caperata*

英名：Bronze ripple, Emerald-ripple

原产地：巴西

簇生型植株，叶丛生于短茎顶，株高约20厘米。叶柄长10~15厘米，叶长3~5厘米，掌状脉5~7出，主脉及第一侧脉向下凹陷，浓绿光泽，叶背灰绿。花梗长15~20厘米，红褐色，草绿色直出花穗，多突出于植株之上。

▼开花

▶植株具短茎

▼圆心形的盾状叶

红边椒草

学名： *Peperomia clusiaefolia*（*P. obtusifolia* var. *clusiifolia*）

英名： Red-edged peperomia

别名： 琴叶椒草、红娘椒草

原产地： 西印度群岛、热带美洲

株高30厘米，生长缓慢，茎枝粗圆、浓紫红色，易随节处呈曲折状，茎节处易发出气生根，可借以吸附蛇木柱。叶厚肉质硬挺，叶柄紫红色，长1~1.5厘米，单叶互生，倒卵形，长5~10厘米、宽4~6厘米，中肋略凹陷，叶橄榄绿，叶脉黄绿色不明显，叶背浅绿而泛紫红晕彩。绿白色的肉穗花序细长挺立或微弯，长10~20厘米，花梗紫红色，于冬、春之际抽出。

▼直立型植株

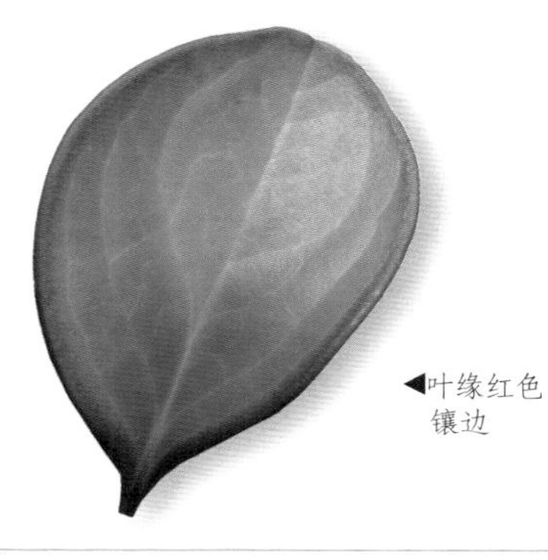
◀叶缘红色镶边

三色椒草

学名： *Peperomia clusiifolia* 'Jewelry '

英名： Red-edged variegated peperomia

原产地： 西印度群岛

株高20~30厘米，生长缓慢。叶长倒卵形，厚肉质硬挺，叶长5~9厘米、宽2~4厘米，叶面近中肋为绿色，近叶缘则由草绿转黄、红色，故名三色椒草；全缘或不规则浅裂，叶色具观赏性。花期春至秋季。

◀开花

▶叶缘镶红边

▶直立型植株

斧叶椒草

学名： *Peperomia dolabriformis*

英名： Prayer pepper

别名： 斧形椒草

原产地： 秘鲁

茎叶肉质，株高10厘米。叶长5~6厘米、宽1.7厘米、厚0.6厘米，灰绿色叶片具透明条纹。花序长，小花黄绿色。不耐寒，生长最低限温7℃。

▼叶片侧面形似斧头

▼接触较多阳光，叶缘转红色

▼叶片扁平如嫩豌豆荚

线叶椒草

学名： *Peperomia galioides*（*P. rubella*）

别名： 狭叶椒草

原产地： 哥伦比亚、巴拿马、厄瓜多尔、委内瑞拉

植株小型直立，茎枝肉质呈红褐色，分枝颇多。叶柄与茎枝连接处有红点，腋下具腺体，叶长椭圆，4~5叶轮生，长1~2.5厘米、宽0.5厘米，叶面蜡质，鲜绿色，肉质，叶端钝，叶基渐狭。

斑叶玲珑椒草

学名：*Peperomia glabella* 'Variegata'

英名：Variegated wax privet

原产地：牙买加

蔓性，枝条抽长会软垂。单叶互生，椭圆或卵形，全缘，叶端钝、叶基楔形至浅心形，薄肉质，掌状3~5出脉，叶长2~6厘米、宽1~4厘米。叶柄红，长约1厘米。

▼老叶转绿色，其中偶尔会夹杂乳斑

▲新生幼叶常呈乳黄、乳白色

肉穗花序，长7~15厘米。叶片色彩不一，亦无一定的变化趋势。斑叶再配上泛红晕彩的软垂茎枝，颇具观赏特色。

银皱叶椒草

学名：*Peperomia griseo-argentea*（*P.* 'Silver Goddess'）

英名：Ivy peperomia

原产地：巴西

类似皱叶椒草，但叶色不同。叶面银灰绿、富光泽，掌状脉7~9出。

▶掌脉色深、凹陷亦深

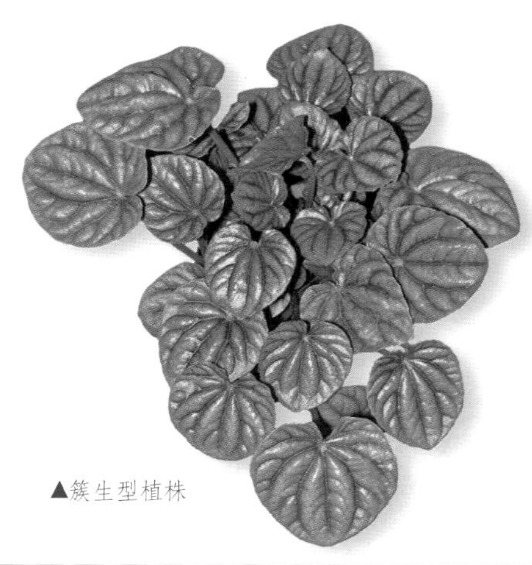

▲簇生型植株

银斑椒草

学名： *Peperomia marmorata* 'Silver Heart'

英名： Silver heart

原产地： 巴西南部

株高15~30厘米，单叶簇生于短缩茎。叶浅心形，长5~10厘米、3~7厘米宽，浅绿色，掌状7出脉、凹陷状，凹陷处颜色较深；薄肉质，全缘，叶端锐尖，叶基心形，叶基两侧的圆形裂片常重叠，叶背较浅淡并有红色脉纹。肉穗花序长达15厘米。

▶簇生型植株

银道椒草

学名： *Peperomia metallica*

原产地： 秘鲁

小型植株，株高低于25厘米，茎枝节间短小、略呈曲折状。叶柄短，单叶互生，卵椭圆形，长1~3厘米、宽1~2.5厘米，叶色墨绿紫，平滑光泽，叶端锐尖，叶基钝圆，叶背紫红色。

▼植株直立型

▼叶面中肋具银灰色斑条

金点椒草

学名： *Peperomia obtusifolia* 'Golden Gate'

直立性植株。叶广卵形，长、宽4~8厘米，肉质硬挺。

▶叶面具黄斑，并撒布绿色斑点

▶茎枝粗圆泛红

圆叶椒草

学名：*Peperomia obtusifolia*

英名：Baby rubber plant

原产地：委内瑞拉

直立性植株，株高约30厘米，茎及叶柄均肉质粗圆、红褐色，节间长仅1~1.5厘米，节处易发出气生根。叶柄长1厘米，叶长5~6厘米、宽4~5厘米，叶端钝圆，叶基渐狭至楔形，叶面光滑，叶色浓绿。

◀花序颇长

▶叶椭圆或倒卵形

◀单叶互生

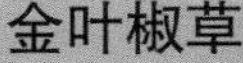

金叶椒草

学名：*Peperomia obtusifolia* sp.

新叶金黄色，近叶面中肋具深绿块斑，老叶转浓绿色，叶基、叶端略凹，叶柄槽状。

撒金椒草

学名： *Peperomia obtusifolia* 'Green Gold'

英名： Green gold peperomia

▼叶色浓绿，散布不规则的浅绿、乳黄斑块

▼光线不佳时叶色较暗沉

▼光线较明亮处叶色较金黄

▼新叶色彩较金黄、老叶转绿

剑叶椒草

学名： *Peperomia pereskiifolia* (*P. blanda*)

英名： Leaf-cactus peperomia

原产地： 委内瑞拉、哥伦比亚、巴西

植株直立型，茎枝圆形、挺立、细长且呈紫褐色，节间长5~15厘米，单叶3~6片轮生。叶柄紫褐色，长0.2~0.5厘米，叶阔披针形、全缘、薄肉质，长6~8厘米、宽2~2.5厘米，叶面浓绿，掌状3~5出脉，叶端锐尖，叶基楔形。肉穗花序长10~18厘米，着生于5~7厘米长的花梗上。

白斑椒草

学名： *Peperomia obtusifolia* 'Variegata'

英名： Variegated peperomia

别名： 斑叶椒草、乳斑椒草

原产地： 中国台湾、日本冲绳

园艺栽培品种，类似圆叶椒草，仅叶色不同。叶面近中肋较浓绿、近缘渐转浅绿色，色彩不规则分布，叶缘乳黄色。

▲茎及叶柄基部红褐色

▼直立型植株

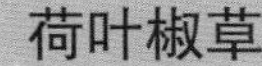

荷叶椒草

学名： *Peperomia polybotrya* （*P.* 'Jayde'）

别名： 碧玉荷叶椒草

株高15~30厘米，茎、叶肥厚肉质。叶柄长，单叶互生，广卵形的盾状叶，翠绿色，具光泽，叶端锐或突尖，叶基圆形，全缘。肉穗花序，小花密生，不明显。

白脉椒草

学名： *Peperomia puteolata*

别名：弦月椒草、多叶兰

株型矮小，株高20~30厘米。短柄红褐色，叶椭圆形，长5~8厘米、宽3~5厘米，深绿色，掌状脉5出，略为凹陷、灰绿色，新叶泛红褐色。

▶茎直立，紫红色

◀叶2~5枚轮生，阴暗处叶色浓绿

红皱叶椒草

学名： *Peperomia* ‘Red ripple’
（*P. caperata* ‘Red ripple’）

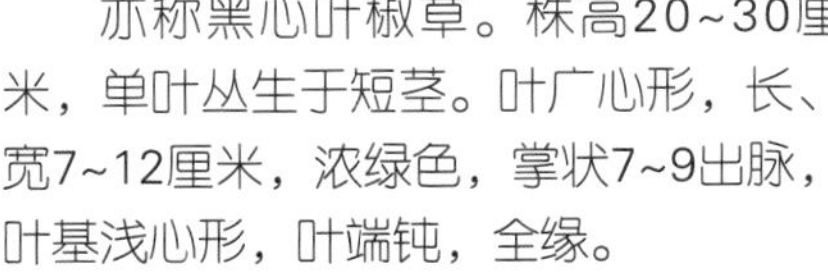

亦称黑心叶椒草。株高20~30厘米，单叶丛生于短茎。叶广心形，长、宽7~12厘米，浓绿色，掌状7~9出脉，叶基浅心形，叶端钝，全缘。

▲肉穗花序直立细长

▼叶脉凹陷，灰青色，叶缘泛红

小圆叶垂椒草

学名：*Peperomia rotundifolia* var. *pilosior* (*P. nummularifolia* var. *pilosior*, *P. prostrata*)

英名：Yerba linda

原产地：热带的北美洲及南美洲、波多黎各至牙买加、哥伦比亚

蔓性，细枝条柔软下垂且抽伸甚长，是袖珍吊钵的好材料。叶柄长0.3~0.5厘米，叶广卵形，长、宽皆1厘米，肉质，蓝灰绿色，叶脉掌状3出、银灰色，叶基圆钝，全缘，叶背浅灰绿色。肉穗花序长3厘米、直立细长。

胡椒科

西瓜皮椒草

学名：*Peperomia sandersii*

英名：Watermelon peperomia

原产地：巴西

株高仅20厘米。叶柄红褐色、长10~15厘米，叶长3~5厘米、宽2~4厘米，叶脉由中央向四周呈辐射状，主脉11条，叶面浓绿色，脉间银灰色，似西瓜的外皮。

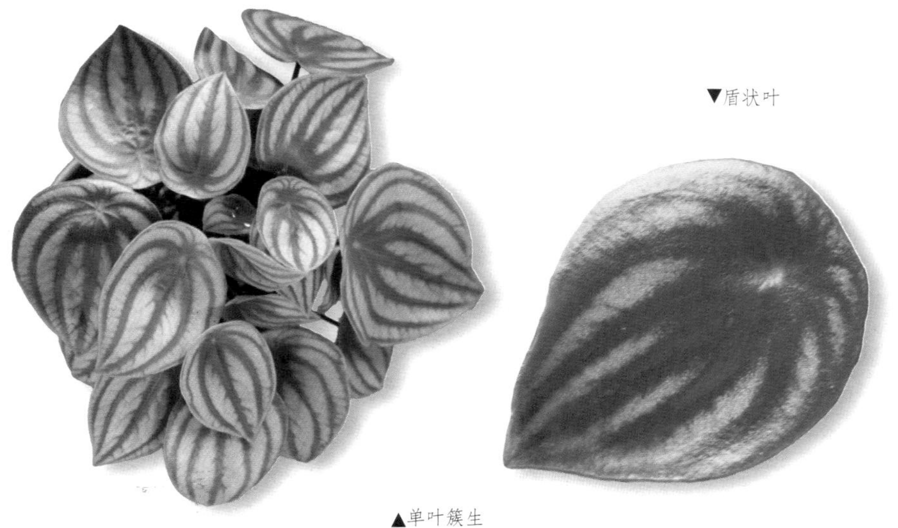

▼盾状叶

▲单叶簇生

斑叶垂椒草

学名： *Peperomia scandens* ‘Variegata’

英名： Variegated philodendron leaf peperomia

别名： 乳斑垂椒草

蔓性植株，匍匐状生长。叶长心形。穗状花序颇长。

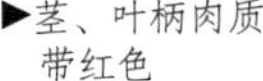
▶茎、叶柄肉质带红色

◀绿叶缘具不规则黄白斑纹

乳斑皱叶椒草

学名： *Peperomia variegata*

类似皱叶椒草。单叶丛生，广心形，叶基浅心形，浓绿色，具乳黄、浅绿等不规则斑纹、斑点，叶缘偶布粉红色，掌状7~9出脉，叶端钝，全缘或略凹裂。

▲掌脉凹陷泛红色

▼新叶泛红晕彩

紫叶椒草

学名：*Peperomia velutina*

英名：Velvet peperomia

原产地：厄瓜多尔

株高约30厘米，全株披白毛，茎枝于节处成曲折状。单叶互生，阔卵形，长3~7.5厘米，叶掌脉灰白色，叶端钝有突尖，叶基钝，叶面暗绿褐色，叶背紫红色。肉穗花序长达4~6厘米。

▲叶掌状5~7出脉

▼茎枝紫红色

斑马椒草

学名：*Peperomia verschaffeltii*

英名：Sweetheart peperomia

原产地：巴西

叶柄具红点，叶薄肉质，长卵心形，长6~10厘米、宽3~4厘米。花穗粗短。

▶单叶簇生

类似植物比较：

西瓜皮椒草与斑马椒草

项目	西瓜皮椒草	斑马椒草
盾状叶	是	否
叶形	卵形	长卵心形
叶基	圆形	浅心形
叶面斑条数	11	5
肉穗花序	瘦长	短胖

▼掌状脉5条，脉间有银斑宽条

密叶椒草

学名： *Pepperomia orba*（*P.* 'Princess astrid'）

英名： Princess astrid peperomia

株高20~30厘米，茎枝灰绿色，节处有紫红色斑点。叶长卵形，长2~5厘米、宽1~2厘米，浓绿色，掌状脉3出，叶端锐尖，叶背灰绿色。肉穗花序单出，绿色，长10厘米。

▲斑叶品种，绿叶缘具不规则黄斑

▼单叶互生

红茎椒草

学名： *Pepperomia sui*

原产地： 中国台湾

我国台湾特有种，株高10~30厘米，直立型植株，全株密被柔毛。叶对生或3叶轮生，卵形，长1.5~5厘米、宽1~3厘米，常具透明腺体，浅绿色掌状脉3出，叶背灰色。

穗状花序，直立有柄，顶生或腋生，两性小花浅绿色，不具花被，花期冬至春季。果实肉质、圆形具黏性。

◀红色茎肉质

▶叶面深绿被茸毛

纽扣叶椒草

学名：*Peperomia rotundifolia*

英名：Yerba linda

叶柄短，叶色翠绿，薄肉质，叶脉仅掌状3出脉隐约可见，全缘。

▼肉穗花序直立细长

▲叶圆形，叶端钝圆

▶蔓性株，适合吊钵种植

Piper

胡椒

学名：*Piper nigrum*

原产地：印度

别名：黑胡椒、黑川

藤本植物，侧枝密生，具不定根。叶椭圆形，深绿具光泽，叶端尖，叶背银白色。穗状花序，白色至黄绿色。浆果直径0.5厘米，果实内仅有1粒种子，干燥后作为香料。

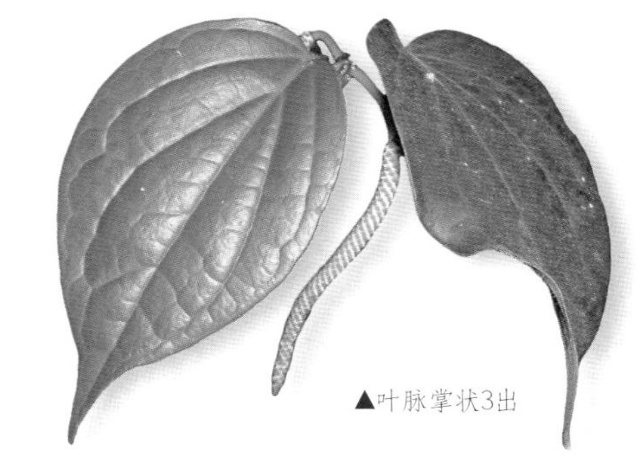

▲叶脉掌状3出

▶浆果初时绿色，熟时暗红转黑色

荨麻科

Urticaceae

多生长于热带地区，多年生常绿草本植物，单叶多对生，常具托叶，花单性，雌雄同株或异株。花小型，聚伞或头状花序，绿或白色不显眼。繁殖以播种及扦插为主，种子细小不易采收，多具自播性，会自行散播种子而发芽成苗。扦插是一个容易的方法，插穗可先插于水中，生根后再植入土中。另外，如匍匐性的毛蛤蟆草等，茎节处触地即会生根，将其剪离母株，种下即成独立株。

夏天直射阳光处不宜生长，散射光的明亮处较佳。太阴暗植株易徒长生长势弱，且易感染病虫害。盆土需排水良好，于盆底添加一层破瓦片或粗砾石，以免盆土积水。3~10月生长旺季，盆土须经常保持适当润湿与通气，湿黏土易造成植物烂死。冬日寒流低温之际，盆土宜保持干燥，较易越冬而不受寒害。喜好温暖潮湿与高空气湿度，较有利生长。不耐寒，温度低于10℃易受寒害。生长旺季需补肥，冬日可停用肥料。生长多年植株形成高脚状，茎枝下部叶片脱落，仅上部有叶，形态丑陋时需强剪予以更新，或重新扦插成新株。为良好的地被植物，适合户外无直射阳光处种植。开花会提早植株老化，应尽早摘除花苞。

Pellionia

喷烟花

学名：*Pellionia daveauana*
英名：Trailing watermelon begonia
别名：火炮花、烟火草
原产地：马来西亚

蔓藤，单叶互生、2列状，托叶粉红色半透明状、长0.5厘米，包被嫩芽。叶椭圆形，叶长2~5厘米、宽1~2.5厘米，薄肉质，叶基歪心形，全缘至浅钝不规则缺刻，叶灰绿色，叶背色灰绿至浅褐绿、无斑色。顶芽插易生根。多种于吊盆悬挂室内或屋檐下，避免阳光直射，亦可于树下以地被方式铺植。枝条可蔓生30厘米长，枝条基部空秃无叶片时，以强剪方式促生新枝叶。

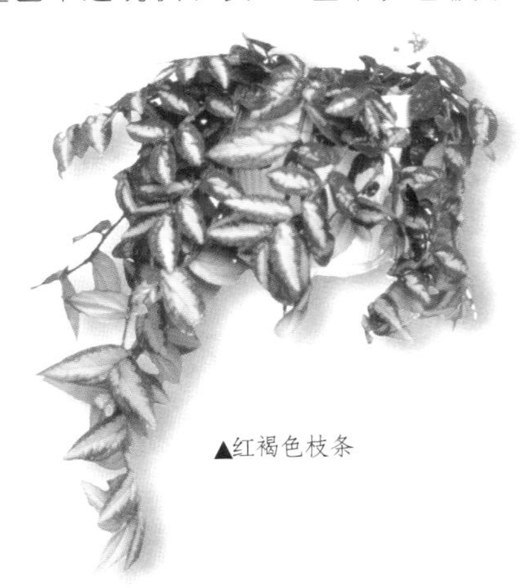

▲红褐色枝条

▼叶缘紫黑色网格斑

花叶喷烟花

学名：*Pellionia pulchra*
英名：Satin pellionia
别名：垂缎草
原产地：越南

红褐色的蔓性茎、匍匐悬垂性，红褐色的短小叶柄，2托叶，单叶互生，叶基歪，叶端钝圆，叶缘锯齿不明显。聚伞花序，单性花，雌雄异株，小花淡紫色，4~5花被，花期春至秋季。

▼绿叶的叶脉呈暗黑网格

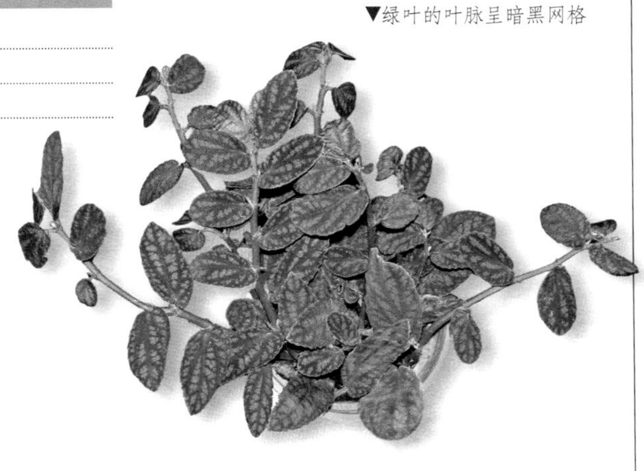

Pilea

冷水花

学名： *Pilea cadierei*

英名： Aluminum plant, Watermelon pilea

别名： 白雪草

原产地： 越南

直立性植株，株高30厘米，茎枝肉质泛红褐晕彩。叶椭圆形，长8厘米、宽5厘米，薄肉质，掌状3出脉，叶深绿、凸出部分呈银白色斑块，闪亮如铝片，故英名为Aluminum plant；且花纹似西瓜皮，又名Watermelon pilea，叶缘上半部疏浅钝锯齿、下半部全缘。生长相当快速。

►单叶十字对生

▲主脉及第一侧脉处凹陷，脉间凸出银白色

▼花白色，总花梗腋生，观花性不高

婴儿的眼泪

学名： *Pilea depressa*

英名： Baby's tears, Miniature peperomia

别名： 扁冷水花、玲珑冷水花

原产地： 波多黎各

因玲珑小巧的叶片而命名为婴儿的眼泪，叶面径约0.6厘米，薄肉质，叶面光滑且富光泽，叶倒卵圆形，晶莹翠绿。聚伞花序，小花白色带粉红色晕。耐阴，喜明亮的散射光，忌强光直射，茎枝节处接触土壤易生根，分支性强，为精致的地被材料。枝条具蔓生性，做成吊钵悬挂阳台屋檐下或室内窗口光线明亮处，生性强健，养护容易，病虫害不多。

▲枝叶柔软下垂

▼枝条抽长后易悬垂

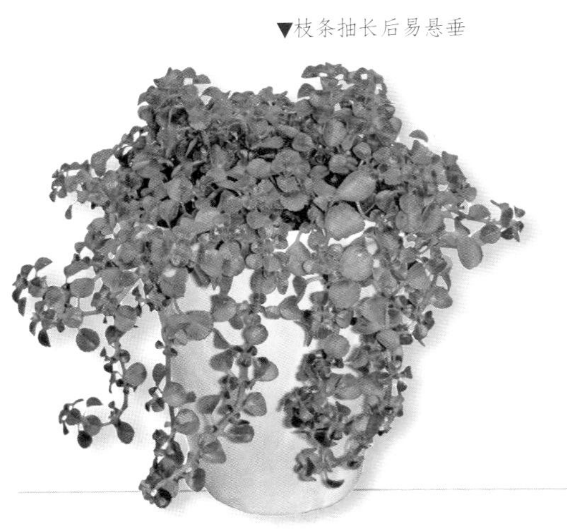

▲叶缘浅钝锯齿

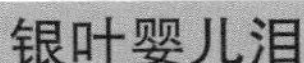

银叶婴儿泪

学名： *Pilea glauca*

原产地： 越南

与婴儿的眼泪不同之处是：其茎枝红褐色，叶全缘，银灰绿色。

蛤蟆草

学名： *Pilea mollis*

英名： Moon valley green

原产地：哥斯达黎加、哥伦比亚

株高20~40厘米。卵形叶十字对生，叶缘锯齿状，掌状脉3出，叶面沿主脉、侧脉甚至细小的网状支脉均呈凹陷状，脉间叶肉凸起，因此叶面波皱程度较冷水花更加细致。因叶面粗糙、皱折类似蛤蟆，故名蛤蟆草。黄绿色叶面的叶脉呈较深之橄榄绿至褐绿色，叶面由中肋至叶缘色彩由深褐转翠绿色。于春、夏交会之际绽放黄绿色小型花序。

▼小花观赏性不高

◀直立性植物

大银脉虾蟆草

学名： *Pilea spruceana* 'Norkolk'

全株覆白色细毛，茎匍匐性。叶脉凹陷、脉间凸出，主脉尤其明显，凸高处银白色。

▲新叶褐绿色，老叶深绿色

◀株高15~20厘米

荨麻科

毛蛤蟆草

学名：*Pilea nummulariifollia*

英名：Creeping charlie

原产地：西印度群岛至秘鲁

全株覆毛，叶面波皱似蛤蟆皮故名之。茎枝细圆，蔓性匍匐状生长，茎节处碰触土壤易生根，为一种相当优良的地被植物，亦适合做成吊钵悬挂明亮窗口，枝条悬垂可达1米余，相当可观。托叶明显，径约0.5厘米，质极薄，半透明状，布毛。叶圆形，径2~3厘米，质薄，掌状3出脉，叶脉凹陷，脉间叶肉凸起，叶面具细致的小波皱，叶基浅心形，叶端圆，叶缘疏布半圆形锯齿。需水性高，不耐干旱。

▲适做地被

◀翠绿波皱的叶片

▼花小不明显，观赏性不高

▶茎枝浅紫红色，覆有细毛

银脉蛤蟆草

学名：*Pilea spruceana* 'Silver Tree'

英名：Silver and bronze

原产地：加勒比海地区

直立性植株，易生分枝。叶柄短小，叶卵披针形，长4~5厘米、宽3厘米，掌状3出脉，浓绿叶面随网格脉凹凸，叶基钝，叶端渐尖，叶缘锯齿，褐绿叶的中肋具银白色斑条，自叶基直达叶端。光线明亮处叶色泛红褐，阴暗处则转绿。花细小，不具观赏性。

▼可盆栽，亦适合作为地被栽种

姜科

Zingiberaceae

多年生草本植物，地下部具肉质根茎或块茎，单叶二列状或螺旋生，花序为总状、头状或穗状、聚伞花序，子房下位、蒴果或浆果。

◀▶穗状花序观赏性高

◀室内插盆姜花满室生香

Costus

多具地下根茎，植株直立性的多年生草本植物，原产于热带地区，地上茎常螺旋状扭曲，单叶互生、亦常螺旋着生，具有管状、密贴茎枝的叶鞘。穗状花序顶生，具覆瓦状排列的苞片，蒴果。喜明亮的散射光，夏季宜于遮阴处、忌直射强光。性喜温暖，生长适温16~26℃，南方平地冬天的低温多无问题。土壤需排水良好，富含有机肥、微酸性的砂质壤土或腐殖土为佳，生长旺季盆土略干时即需浇水，稍高的湿润度可促进营养生长，开花时可略干些。繁殖多于暖季进行，可采用地下根茎分株、播种、枝条扦插，或花序基部长出的高芽拔下另种。盆栽放室内明亮窗边，植株多较高大，可做为立地盆景。

黄闭鞘姜

学名： *Costus cuspidatus*

原产地：巴西

株高30~60厘米，茎秆褐色，叶长椭圆形，叶端锐尖。花期晚春至初夏，花橙黄色，瓣缘皱褶状。耐寒性佳。

橙红闭鞘姜

学名： *Costus cosmosus* var. *bakeri*

原产地：美洲中部湿热森林区

茎秆细长，户外株高可达2米，盆栽多1米。叶长椭圆形，长20~40厘米、宽5~10厘米，叶面富光泽，叶背疏披短毛，几乎无柄。花序圆锥形，长20~30厘米，自红色苞片陆续伸出亮黄色管状花，长4厘米。浆果长4厘米、径2.5厘米，种子黑色。因花序的苞片持久，故观花期长，赏花性高。喜湿热，亦耐寒至0℃，全日照或半阴均可。

▼穗状花序顶生

▲苞片红色蜡质

绒叶闭鞘姜

学名： *Costus malortieanus*

英名： Emerald spiral ginger, Stepladder plant

原产地： 哥斯达黎加

株高约1米。单叶阔卵或广椭圆形、全缘略反卷，长15~30厘米、宽10厘米，叶基钝，叶端钝、具短突尖，叶背密生细小茸毛。花序长6厘米，小花黄色泛橙红晕彩。

闭鞘姜

学名： *Costus speciosus*
Cheilocostus speciosus

别名： 绢毛鸢尾

原产地： 亚洲东南

原生长地为疏林下、山谷阴湿地。株高1~2米，叶披针形，长15~20厘米、宽6~7厘米，叶基圆钝，叶端尾尖，叶背密披绢毛。穗状花序顶生，长5~13厘米，白色唇瓣为主要观赏部位，宽倒卵形，长6.5~9厘米，瓣端皱褶锯齿状，花期10~12月。相当耐阴，且耐高热。

▲叶片沿茎秆螺旋状生长

▶顶生白花十分淡雅

斑叶闭鞘姜

学名： *Costus speciosa* var. *variegata*

为闭鞘姜的园艺变种，茎枝红褐色，几无叶柄，叶椭圆形、深绿色，叶面沿叶脉方向具数条不规则乳斑，叶缘多为乳白色，观叶性高。

红闭鞘姜

学名： *Costus woodsonii*

英名： Dwarf cone ginger, French kiss
Red button ginger
Scarlet spiral flag

别名： 红头闭鞘姜、纽扣闭鞘姜、红响尾蛇姜

原产地： 巴拿马至哥伦比亚太平洋沿岸

叶椭圆形，长10~20厘米、宽5~10厘米，光滑薄革质。穗状花序顶生、长10厘米，下部包覆红色蜡质苞片，自其中钻出黄色花朵。全年开花，红艳花序观赏期长。全日照以及半阴处均适合生长与开花。

▶叶面具多条纵走的细纹叶脉

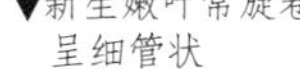

▼新生嫩叶常旋卷呈细管状

◀每花序同时仅开出1~2朵筒状花

▶盆栽株高50~75厘米

Globba

本属植物称为舞姜或舞花姜，英名为Dancing ladies ginger，因花序的苞片大型且色彩艳丽，似舞者的彩衣，长花柄上细致小黄花的弯曲花蕊，如同舞者婀娜多姿的空中舞姿。

具匍匐根茎以及直立短茎。单叶互生，叶卵披针形，长15~20厘米、宽3~5厘米，叶基钝圆，叶端尾尖，全缘微波，绿叶，叶柄长约0.5厘米，两面无毛。叶舌短，叶舌及叶鞘上缘披毛。两性花，圆锥或总状花序顶生下垂状，苞片披针形，长0.6~1.2厘米，具小苞片，小花梗极短，花萼钟状或漏斗状，前端3~5裂，长0.5厘米，花冠两侧对称，细长管状，长0.8~1厘米，被短柔毛，先端3裂，裂片卵形，小花黄色，具芳香，唇瓣狭楔形，前端2裂，基部具橙红色的斑点。雄蕊基部和花丝相连成管状，常反折，花药纵裂，两侧各具2枚三角状附属体，1子房，胚珠多数。蒴果球形、椭圆形，不整齐开裂，种子常具假种皮。

相当耐阴，盆栽若放置于较明亮处，土壤就需要湿润些，太阴暗会造成苞片色彩较黯淡不美。土壤需肥沃且排水良好，生长旺季充足供水，盆土需常保持湿润，但不可浸水。冬季休眠则节水，以免休眠期造成根茎腐烂。不畏高温，夜温最好18℃以上，冬季室内的温度多不成问题，只是较低温时会落叶，进入休眠期则不用担心。喜好高空气湿度以及避风环境。

采用根茎分株繁殖，于开花后掘起地下根茎，2~3节分切成一段，放置阴凉处数天，待伤口干燥后再种植，休眠期间亦可进行。户外树阴下、室内东向及北侧的明亮窗台为盆栽理想放置地点。除作为盆花外，亦适合作为插花材料，花期夏秋两季，7月绽放直至初冬进入休眠，观花期颇长久。

红叶舞姜

学名： *Globba winitii* 'Pristina Pink'

与温带舞姜的花朵一样，只是叶色紫红色。花序细长下垂，上部分枝着花2枚以上，下部无分枝。

球花舞姜

学名： *Globba globulifera*

▶紫色苞片蚌壳状，披细毛，管状花黄色

◀穗状花序腋生

◀株高45~60厘米

双翅舞姜

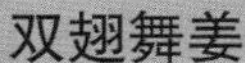

学名： *Globba schomburgkii*

原产地： 泰国

▶黄花，花丝弯曲，花药每边有2个翅状附属体

▲株高30~50厘米

温蒂舞姜

学名： *Globba winitii*

英名： Dancing ladies ginger
Dancing girls ginger

别名： 黄金鹤、舞花姜

原产地： 泰国、越南

▲漂亮的苞片为玫瑰紫红色、黄花

►花开时似单脚站立的鹤，又名黄金鹤

▼株高60厘米

白龙舞姜

学名： *Globba winitii* 'White Dragon'

别名： 白苞舞花姜

类似温蒂舞姜，只是苞片白色、花冠筒浅黄色。

Kaempferia

多为不具明显地上部茎枝的多年生草本植物，原产地多在亚洲及非洲地区。

孔雀姜

学名： *Kaempferia pulchra*

英名： Pretty resurrection lily

别名： 复活百合姜、丽花番郁

原产地： 热带亚洲东部、泰国

植株低矮，地下根茎肥厚且具特殊芳香，根系偶尔也会特别肥厚，地上茎不明显。多单叶簇生，叶阔卵圆形，长10~12厘米、宽6~8厘米，厚纸质，暗绿色叶面上有浅色斑纹、叶背带紫红晕彩，全缘波状。穗状或头状花序，小花淡紫粉色，花瓣椭圆形，其上散布白斑点，花冠径4厘米，中央具白眼。每朵花绽放时间多不长，也少见同时多花绽放，却数月之久陆续有花供观赏。

不需直射强光，以滤过光较适合，室内明亮无直射光的窗口较适合。喜高空气湿度，生长旺盛的夏天须注意供水，盆土表面一旦干松就需要浇水。性喜温暖，适合生长温度16~26℃，耐寒力较差，且冬季低温时植株多会进入休眠，此时需将盆栽移至温暖场所，保持土壤干松，偶尔给予少量水分即可，施肥全面停止，直至翌春来临。温暖、无明显冬天的热带暖地，户外栽植不会休眠。繁殖以其地下根茎分株，春至夏季为适期。

◀地下根茎肥厚，叶面脉纹明显

▲叶着生自地际，横生平展

◀淡紫色小花具细小白斑点

▶叶面如美丽的孔雀图案，故名之

石松科

Lycopodiaceae

Lycopodium

石松科（Lycopodiaceae, Club moss）的低等维管植物，是会产生孢子的常绿多年生草本植物，茎部常呈匍匐状而横卧地面，亦可自其匍匐茎上生出直立性的分支。因叶如细针，故有石松之名。

茎枝会产生分枝，枝条上覆满绿色的小叶片，叶呈鳞片状或针线形。匍匐茎上会发出许多细小的不定根，并向上生出新芽嫩枝，切离即成一独立新株，这是其主要的无性繁殖方式。亦可借孢子进行有性繁殖。

小垂枝石松

学名： *Lycopodium salvinioides*

原产地：中国台湾、琉球、菲律宾

因商业采集过盛，导致此植物已濒临灭绝。小叶密生于枝条。叶对生，披针形，翠绿色，革质；生育叶着生于枝条末端，似鳞片般披覆于细枝上，枝叶如流苏的穗垂状，适合栽种于吊盆。自其茎枝处会产生小植株，接触土壤向下扎根后，就可切离自成独立植株。

◀枝条长而下垂

◀生育叶呈二列状

卷柏科

Selaginellaceae

Selaginella

卷柏科常见有卷柏属、石松属、水韭属。分布于全球各处，以热带较多，亚热带地区也不少，温带地区则仅有极少数种类。为多年生常绿草本隐花植物，不会开花，但会产生孢子。多以观叶为主，在户外阴湿地表形成漂亮细致的低矮地被植物；亦可做小品盆栽或小吊钵。圣诞节时，常剪其枝叶制成花环，成为节庆重要的装饰品。

卷柏外形类似石松，茎会产生分枝，匍匐状或形成直立茎，但株高多在10厘米以下。匍匐茎的腹面着生许多细小的不定根，根的构造类似高等植物。茎上密布无数细小如鳞片状的叶片，呈整齐的四列方式排列。可以采用顶梢摘心方式促其产生分枝，植株整体密簇成团球状，观赏性较高。

卷柏亦如蕨类，有世代交替的生活史，孢子世代与配子世代都能独立生存，只是孢子体的外形较高大。在分枝先端会产生特殊的生育叶，排列紧密而形成所谓的球花。这群生育叶可以产生孢子囊，孢子成熟落于适当土面，就会发芽长成配子体，配子体上的精、卵受精后，分裂发育而形成新孢子体。

春季可采孢子来繁殖，或扦插法大量快速地繁殖，将发育成熟的茎枝切成5厘米一段的插穗，平铺基质表面，于插穗上亦可散布微量的质细湿润泥炭土，保持16~18℃、高湿度90%及弱光环境，待其茎节发生不定根，圣诞节时植株多已成形。

另外，匍匐性植株亦可采用分株或压条法来繁殖。卷柏来自温暖或冷凉的多雨林区，原始的生长环境多阴暗潮湿，故其耐阴性良好，可容忍室内阴暗环境；另外也有较耐旱者。栽培用盆土可用1份富含厩肥（或腐叶）的培养土、加入3份河砂混匀使用。一年四季均需注意浇水，盆土经常维持润湿状，避免干旱。

空气相对湿度需85%~ 90%，因此放在一般室内观赏短时间尚可忍耐，长时间就会出现问题，可于植株上加盖透明罩或养在密闭的玻璃瓶内，水气不易蒸发外逸，而形成局部高湿度的微空气环境。需肥性不高，上盆后6个月内都不需施肥，之后进入秋末，再施加一些稀薄液肥即可。

卷柏属多数种类都不耐高温，25℃以上再加上干旱环境，生长会加速劣化。于南方平地栽培，最好选择较耐热的种类。

▶卷柏植株多低矮，小叶多呈鳞片状

细叶卷柏

学名：*Selaginella apoda*

英名：Meadow spike moss

别名：绿卷柏、小卷柏、冰淇淋卷柏

原产地：南非、北美

株高仅3~5厘米，绿色茎枝纤细软弱。细小二型叶片成四列状，叶色翠绿。球花无柄，长1.2厘米。性喜冷凉，喜散射光，需避免烈日直射，基质以肥沃的沙质土或腐殖土均可，湿度需求较高，夏天须注意高温以及干燥的空气，生长适温18℃。

▼植株细密如毯

◀小叶质感细致

垂枝卷柏

学名：*Selaginella kraussiana*

英名：Club moss, Trailing irish moss

原产地：南非

分枝颇多，枝条长可达30厘米。二型叶排成四列，叶色翠绿，如羽毛般的小枝条，密贴着细小如鳞片般的叶片。生长尚快速，性喜温暖、耐阴性佳，喜欢无直射光的北向窗口，栽培用土须疏松又通气，可多添加吸水性高的水苔与泥炭土、腐叶土等。需防蛞蝓危害，喜好相对湿度高的空气环境，生长适温17~24℃。

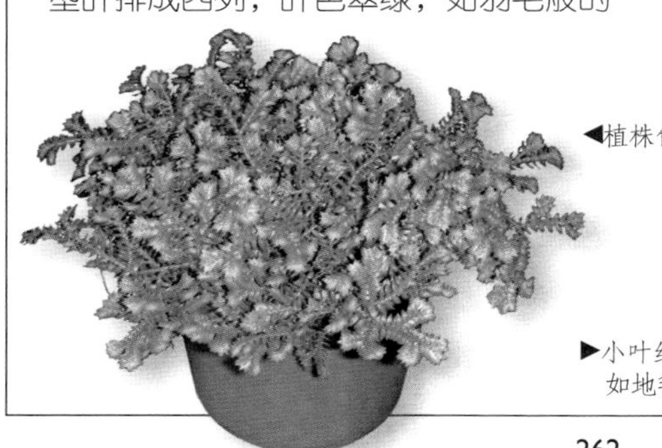

◀植株匍匐状

▶小叶细致小巧，如地毯般

万年松

学名： *Selaginella tamariscina*

英名： Tamarisklike spikemoss

别名： 豹足、还魂草、山卷柏、地石草、万年青

原产地： 亚洲

喜栖息于岩石上，小叶于主轴上排列紧密，青绿色，叶背灰褐色，有不育叶及生育叶之别，多分岔的枝条自主茎向外平展。以孢子繁殖为主。性喜温暖，生长适温15~26℃。耐阴、耐湿，亦可耐短暂强光，但较喜荫蔽且空气湿度较高的环境，湿度不足时枝叶紧缩，转灰褐色；湿度较高时，枝叶会再度开展而呈现健康面貌，因此又称为还魂草。

翠云草

学名： *Selaginella uncinata*

英名： Blue selaginella, Rainbow fern

别名： 蓝卷柏

原产地： 中国

蔓性，枝条可长达30~60厘米，茎节处会发出细根，于阴湿地表可自然铺满一大片，如毛毯般覆盖土面。鳞片般的二型叶片，如覆瓦般贴生于茎枝。

叶片闪烁着彩虹般光泽，故英名为Rainbow fern，植株有时泛蓝光，又名Blue selaginella。相当耐阴，空气湿度须高，盆栽土壤亦需经常呈湿润状。喜好温暖，生长适温16~26℃。亦可种成吊钵，悬挂在没有直射强光处供观赏。

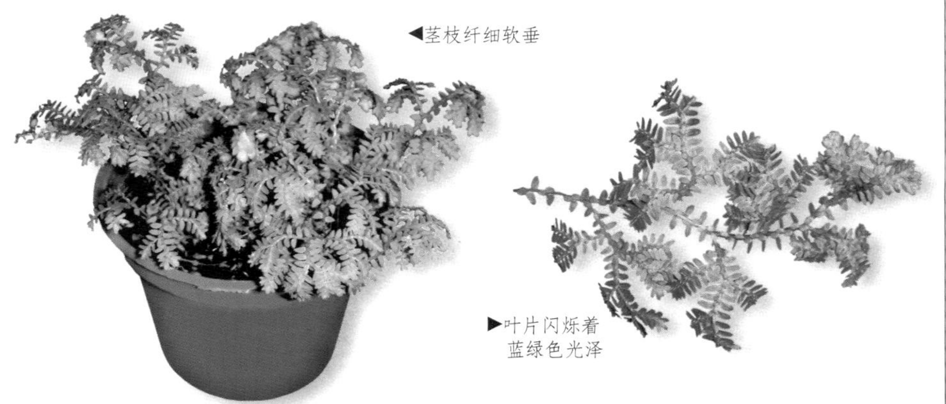

◀茎枝纤细软垂

▶叶片闪烁着蓝绿色光泽

辐射蕨科

Actiniopteridaceae

Actiniopteris

眉刷蕨

学名： *Actiniopteris semiflabellata*

别名： 孔雀凤尾蕨

原产地： 非洲西部、马达加斯加、尼泊尔

枝叶形态类似小型棕榈植物，是蕨类植物中颇具特色者，具短匍匐根茎。掌状复叶丛生，叶片2~4回二叉分支，叶幅5~30厘米，全缘，叶柄长1~7厘米；孢子囊位于小叶边缘。基质排水需良好、忌过度浇水或浸水，喜明亮的散射光，叶面不需喷细雾水而需保持干燥，但太干燥时叶片会扭曲。室内温度需15℃以上，养护不易。

铁线蕨科

Adiantaceae

Adiantum

多原产于热带美洲地区，少数来自温带的北美及亚洲东部，分布于原生育地的阴湿丛林、溪流边或瀑布旁、岩壁裂缝或树林地被层等。具根茎、贴生鳞片，匍匐状或斜上。叶片多1~4回羽状复叶或裂叶，叶脉多游离状、网状脉较少。孢子囊着生于叶缘反卷处。

▶因质地细腻，颇受青睐

鞭叶铁线蕨、爱氏铁线蕨、菲律宾铁线蕨等，羽叶中轴会不断延伸抽长，当此中轴碰触到土壤，就可能向下生根，而着根处向上亦会萌发新叶片。将有根有叶的小植株切离母体，已可独立生存。本属植物多具纤细叶片、瘦长茎枝与叶柄。

赫赫有名的铁线蕨故事：
一位清纯少女，当她爱人变心后，伤心地自悬崖坠落自杀，当翌春来临，在她掉落处长出一丛如秀发般的铁线蕨。而本属蕨类英名统称为Maidenhair，意即少女的发丝。

▼叶柄细长有力、色深且富光泽，基部有鳞片

◀铁线蕨的羽叶飘逸如少女发丝

▼阴湿水边适合铁线蕨生长

▼阴湿壁面缝隙自然生长的铁线蕨

兰屿铁线蕨

学名： *Adiantum capillus-veneris*

原产地：中国台湾

矮小植株的株高仅10厘米，1回羽状复叶，小叶扇形，质薄，叶柄黑亮，叶端圆形，叶缘有钝圆的粗缺刻。

适应室内低光环境，生长缓慢，适合瓶景植栽以及小品盆栽。以孢子繁殖为主，孢子囊群着生于羽片背面前端。

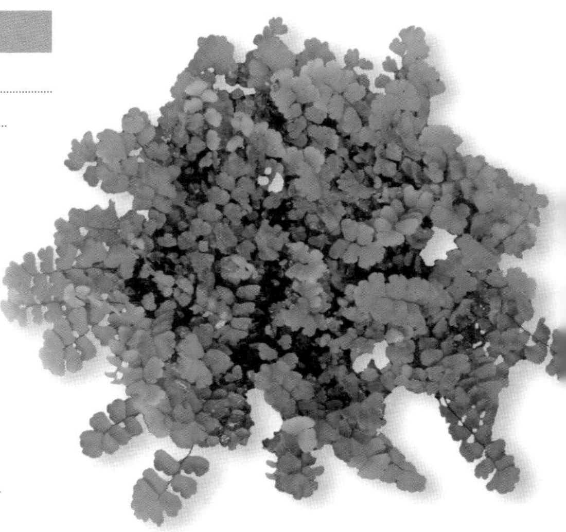

▶翠绿细密的羽叶

鞭叶铁线蕨

学名： *Adiantum caudatum*

英名： Walking fern

原产地：非洲、中国东南部、东南亚、巴布亚新几内亚等地

株高10~40厘米、幅径可达60厘米，全株密披细毛。一回羽状复叶，羽柄红褐色，小叶互生，浅绿或青绿色，羽叶端的小叶片较小。羽叶端常延伸成鞭状，落地后生根而行无性繁殖。喜明亮的散射光，土壤不需太湿润，但需高空气湿度，可用喷雾方式营造。最低限温10℃。

◀小叶圆扇形，半边具数个凹刻

▼根茎短缩直立，长羽叶下垂

刀叶铁线蕨

学名： *Adiantum cultratum*

原产地： 墨西哥、小安的列斯群岛

2~3回羽状复叶，小叶平行四边形，叶缘啮齿状。孢子囊群着生于小叶背缘啮齿部位。

爱氏铁线蕨

学名： *Adiantum edgeworthii*

原产地： 中国、越南、缅甸北部、印度西北部、尼泊尔、日本、菲律宾

多生长于林下阴湿处或岩石上，株高10~30厘米，根状茎短而直立，被黑褐色披针形鳞片。一回羽状复叶，羽片10~30对，平展，纸质，叶缘具钝圆粗缺刻，稍呈波状，叶脉多回二歧分叉，叶片两面均明显。羽叶前端着地会生根而繁殖。

▼小叶片扇形

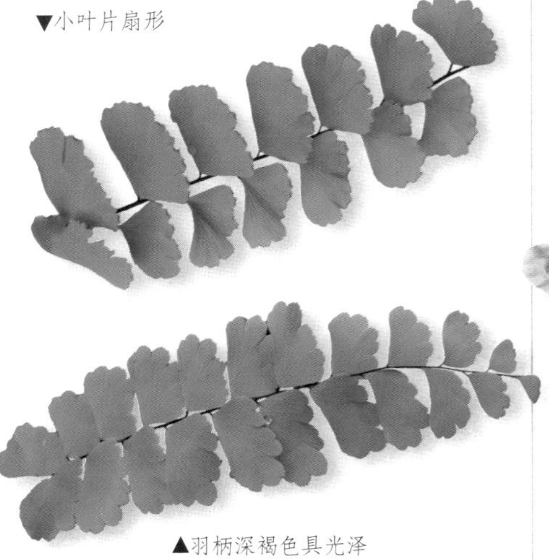

▲羽柄深褐色具光泽

荷叶铁线蕨

学名： *Adiantum reniforme* var. *sinense*

别名： 荷叶金钱草

原产地： 中国

株高10~20厘米，直立的根状短茎，前端密被棕色披针形鳞片以及细毛。叶柄深栗色，长5~12厘米；单叶簇生，圆肾形，叶面径2~6厘米，叶脉由叶基向周缘呈辐射状，叶缘浅钝锯齿，叶背疏被棕色长毛。孢子囊群盖圆形或近长方形，褐色。分株或孢子繁殖。喜温暖湿润且无遮阴的岩面、薄土层、石缝或草丛中。

▲叶面常凹凸而形成1~3个同心圆

扇叶铁线蕨

学名：*Adiantum flabellulatum*

英名：Fan-leaved maidenhair

原产地：东亚

株高20~50厘米，根状短茎被暗棕色鳞片，全株密披短毛。黑色羽柄坚韧光滑，羽状复叶长达40厘米，小叶端浅锯齿。冬季低温时会呈现半休眠状态。

▲羽状复叶平展

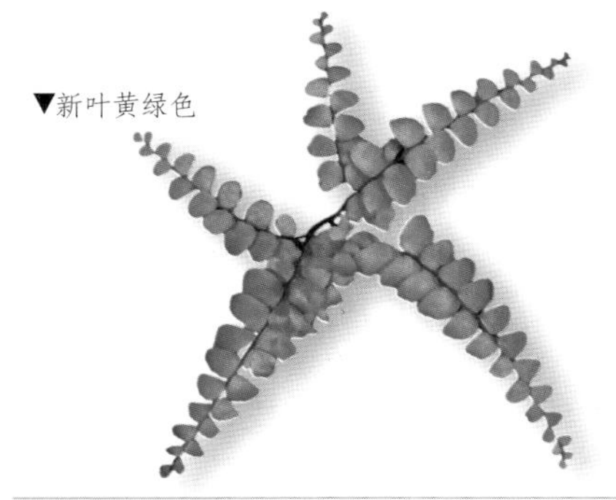

▼新叶黄绿色

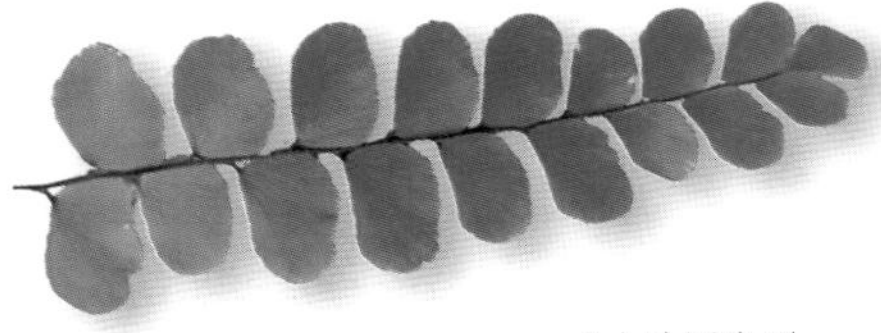

▲小叶圆扇形

冠毛铁线蕨

学名：*Adiantum raddianum* 'Crested Majus'

类似密叶铁线蕨，植株较大型。小叶浅绿、圆扇形。喜阴湿冷凉环境，盆土可多加泥炭土以保湿，需高空气湿度。

▲小叶端不规则缀化

▼短茎直出黑色纤细羽柄

▶枝叶细小

Hemionitis

大叶纽扣蕨

学名： *Hemionitis arifolia*（*H. cordifolia, Parahemionitis cordata*）

英名： Heart fern

原产地： 中国

喜生长于密林下的阴湿地或溪边石缝，株高12~25厘米，根状茎披淡棕色狭披针形鳞片。叶面光滑，叶背具褐色钻形小鳞片，叶缘疏生红棕色细毛。二型叶，不育叶的叶柄长2~10厘米；孢子叶的柄长20厘米。叶戟形，长4~6厘米、宽1.5~3厘米，叶端钝，全缘。孢子囊群形成网状、满布于叶背。

▼不育叶卵形，基部心形

▼不育叶簇生

▲不育叶的叶柄密披鳞片及长毛

三叉蕨科

Aspidiaceae

Tectaria

三叉蕨

学名： *Tectaria subtriphylla*

英名： Three leaved halberd fern

别名： 鸡爪蕨、大叶蜈蚣、八芝兰三叉蕨

原产地： 印度、越南、日本、中国、斯里兰卡

1~2回羽状复叶，成熟叶仅最下一对羽片具柄，叶柄基部疏生鳞片，叶轴披棕色细毛，叶缘锯齿深浅不一。孢子囊群着生于叶背近叶缘处，羽轴两侧几乎没有。以孢子播种或分株法繁殖。喜温暖多湿的半日照环境。

铁角蕨科

Aspleniaceae

Asplenium

英文名统称为Spleenwort，有七百多种，附生性强，原产地多为潮湿、温热之处，但也有少数几种能忍耐4~6个月的干燥气候。根状茎短、直立粗壮，常披棕色至黑色革质鳞片。单叶，叶片呈辐射的对称性生长，群叶随根茎生长方式而呈鸟巢状排列，因此一般都称为鸟巢蕨，其孢子囊群多着生于叶背的平行侧脉上。

胜利山苏花

学名：*Asplenium antiquum* 'Victoria'

株高1.5米、幅径1.5米。叶线形，青绿色，光滑无毛，叶缘细波浪状。叶半直立，过长时会卷曲下垂。喜明亮的散射光，土壤需保持湿润，最低生长限温12℃。

南洋山苏花

学名：*Asplenium australasicum*

别名：南洋巢蕨

原产地：热带亚洲、澳洲、非洲

大型着生或岩生植物，多分布热带地区低海拔。叶长120厘米、宽15厘米，叶轴表面有沟，背面呈圆弧状隆起，全缘波状。孢子囊群着生叶背，线状排列，可达全叶脉1/3~1/2处，孢子成熟时转为褐色。喜高温多湿的荫蔽环境，生性强健，耐阴、耐旱，忌强光，适应大多数土壤，生长适温15~30℃。

◀孢子着生叶背，呈线状排列

▼叶长披针形，近乎无柄

卷叶山苏花

学名： *Asplenium antiquum* 'Makino Osaka'

为南洋山苏花的栽培种，终年青翠，株高20~40厘米。叶披针形，叶端狭尖。以分株或孢子繁殖，繁殖期春夏季。

生性耐阴，忌强光直射，日照40%~60%即可，土壤需保持湿润，基质可用细蛇木屑混合泥炭土，空气湿度要高，生长适温26~30℃，最低限温15℃，适合庭园荫蔽地点美化或盆栽，亦可附生于树干。

◀孢子囊群着生于叶背的平行侧脉上

▼幼株叶片较软质

▲叶自根茎抽生

▲叶缘卷曲呈波浪状

▲成株的叶片硬挺直出

铁角蕨科

台湾山苏花

学名：*Asplenium nidus*

英名：Bird's-nest fern, Nest fern

别名：台湾巢蕨、鸟巢蕨、雀巢羊齿、山苏

原产地：非洲至波利尼西亚一带、澳洲、亚洲热带区

株高30~100厘米，根茎粗短。叶柄短，黑色，基部披黑褐色鳞片，叶披针形，长70厘米、宽10厘米，翠绿色，全缘微波。孢子囊群线形，由中肋沿侧脉平行着生超过1/2。

生长适温20~30℃，低于15℃叶片会出现黄化、坏疽等寒害病征。

◀因群叶中央基部形似鸟巢而得名

▼叶片伸长后可形成大株

◀与枯木搭配

▶幼株小品盆栽

缀叶台湾山苏花

学名：*Asplenium nidus* 'Cresteatum'

台湾山苏花的栽培品种。叶片至叶端渐宽阔，叶端呈不规则凹曲裂缺。

鱼尾台湾山苏花

学名：*Asplenium nidus* 'Fishtail'

仅叶端1/3缀化成鱼尾状，且多回二叉分歧，叶缘锯齿状、深浅不一。

皱叶山苏花

学名：*Asplenium nidus* 'Crispafolium' ('Plicatum')

英名：Zipper fern

别名：皱叶羊齿、皱叶鸟巢蕨

株高20~60厘米。以孢子繁殖为主，繁殖期春夏季。喜温暖、潮湿，半遮阴的环境，忌强光直射。土壤以泥炭土混合细蛇木屑为佳，亦可采用附生栽培，将幼株根部包一团水苔，再用铁丝固定在蛇木板上。

冬季需避风，生长适温20~27℃，最低限温5℃。良好的室内观叶植物，亦是插花常用的花材。

▼叶背线形孢子囊群的长度不足1/3

▼长带状叶片直出且随意弯曲

▼叶缘急剧收缩皱折，似千层面

▼叶端较易扭曲

多向台湾山苏花

学名：*Asplenium nidus* 'Monstrifera'

英名：Fantastic serrated terrarium fern

别名：缀叶山苏花

类似鱼尾台湾山苏花，但前者叶片仅近叶端1/3缀化，本种则全叶的叶缘均可能有深浅不一的细长锯齿，近似须边；偶有二岔分歧，但鱼尾台湾山苏花则多回二叉分歧。

巨叶山苏花

学名：*Asplenium nidus* var. *musifolium*

原产地：泰国

巨型植株。披针形叶、革质，叶长100厘米以上、宽可达40厘米，叶柄暗褐色、长2~5厘米，基部披鳞片，叶面中肋凸起泛紫黑色，叶缘波浪、皱褶明显。孢子囊群着生于叶背平行脉，最长可达叶宽1/2，囊群盖宽0.5毫米、间隔约0.5毫米。

巴布亚山苏花

学名：*Asplenium nidus* 'Papua'

原产地：东南亚

巨型植株。叶披针形，宽大，叶缘波浪状，幼叶直立，老叶过重而弯垂。

斑叶台湾山苏花

学名：*Asplenium nidus* 'Variegata'

英名：Green wave leaf

台湾山苏花的斑叶品种，株高25厘米，叶中肋深绿褐色，叶缘波浪状，叶色颇具观赏性，但因绿色部分（叶绿素）较少，生长较缓慢。喜充足的散射光，稍耐阴，最低限温0℃。

▼叶面具与叶脉平行的白、绿交错条纹

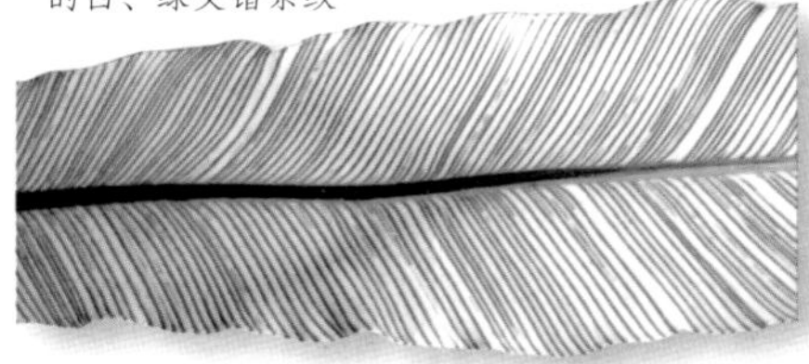

▼叶片辐射状生长

▶叶长披针形

▶叶片两面均呈现斑色

细裂叶铁角蕨

学名：*Asplenium viviparum*

原产地：马斯克林群岛

小叶细长或呈长条裂，以孢子、不定芽繁殖。

◀羽片具蝴蝶结般的不定芽

▼羽状复叶

蹄盖蕨科

Athyriaceae

Diplazium

过沟菜蕨

学名：*Diplazium esculentum*

英名：Vegetable fern

别名：山凤尾、山貓、过貓、蕨貓

原产地：亚洲的热带及亚热带地区

常见其成群生长在低海拔阴湿的山边、水旁，对光线适应范围大。幼叶为1回羽状复叶，成叶为2~3回羽状复叶。

乌毛蕨科

Blechnaceae

Blechnum

多分布于南半球，属于热带蕨类，叶多1回羽状复叶或羽状裂叶，叶型单一或有二型，孢子囊群长线形，有囊群盖。

富贵蕨

学名：*Blechnum gibbum*

英名：Dwarf tree fern, Miniature tree fern, Rib fern

别名：乌毛蕨、美人蕨、肋骨蕨、苏铁蕨

原产地：新喀里多尼亚、南美洲

常绿性多年生，株型优美，生长缓慢，体型稍大，常以盆栽方式摆于室内观赏，亦可栽植于户外树阴下温湿处。

▲叶裂片宽线形

富贵蕨的属名*Blechnum*意指蕨类，而种名*gibbum*意指拱形的，是因其羽状复叶自然弯拱状；又因其羽叶上的小叶如肋骨般排列，故英名为Rib fern；经多年生长会形成一直立性茎干，裸干可高达90~150厘米，外观似树蕨，因此也称为Dwarf tree fern（矮性树蕨）。羽状深裂叶丛生茎顶，长可达100厘米、宽30厘米，整体辐射状分布，新生嫩叶色泽较浅，成熟叶浓绿富光泽，全缘波浪状。

生长适温16~30℃，12℃以下易生长停顿而进入休眠期，不耐寒，可接受盛夏燥热。耐阴性良好，阴暗处叶色浓绿而漂亮，半日照的明亮处，生长亦无问题。喜好潮湿空气，不适合摆置在干燥的冷气房内。生长旺季须勤于供水，盆土需经常维持略湿润状，不可干透。盆栽土壤可用培养土、粗砂与泥炭土各1份，加入骨粉或农用石灰，使土质略偏碱性，每年换盆一次。施肥需低浓度，仅于生长旺季施用，休眠期施肥或肥料太浓均可能导致植物死亡。以孢子繁殖为主，繁殖期春夏季。

▲富贵蕨的茎干黑色，披有鳞片

缀叶乌毛蕨

学名： *Blechnum spicant* 'Crestata'

黑褐色茎干被覆鳞片，叶片中轴的棕色细毛易脱落。

◀叶端较扭曲反卷

▼叶片偶有二叉分裂

Woodwardia

东方狗脊蕨

学名：*Woodwardia orientalis*

英名：Oriental chain fern

原产地：中国、日本、菲律宾

中国南方中低海拔溪谷两侧常见，属于中大型蕨类植物，羽叶长达1米。孢子囊群长肾形，凹入叶肉内。喜温暖、通风、潮湿、明亮的生长环境。

▲羽状复叶

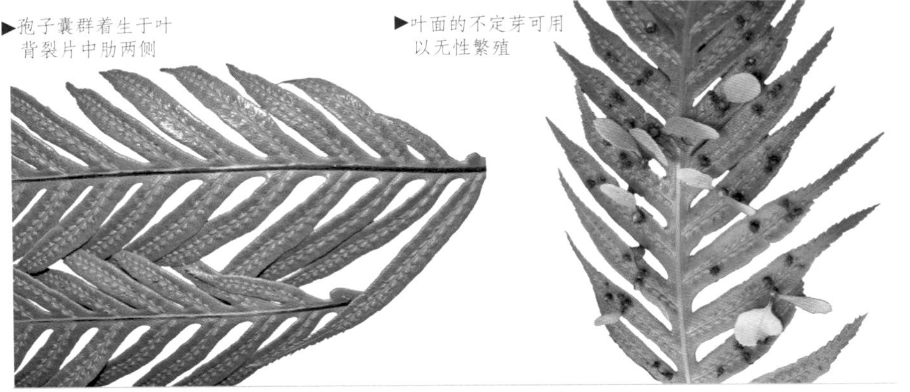

►孢子囊群着生于叶背裂片中肋两侧

►叶面的不定芽可用以无性繁殖

桫椤科

Cyatheaceae

大多数蕨类植株矮小、草质、柔嫩纤细，本科蕨类的植株较高大，属于树蕨类，通常具有如乔木般的树干，少见分支，直立茎干上长满了气生根。1~3回羽状复叶丛生茎干顶部，小叶细小，总柄被茸毛和鳞片。孢子囊群着生于叶脉下表面。

Sphaeropteris

笔筒树

学名： *Sphaeropteris lepifera*

英名： Common tree fern

别名： 蛇木桫椤

原产地： 中国台湾

分布于中国台湾低海拔至1800米的山地阴湿处，株高6~10米或更高，干径15~20厘米。年复一年，新生的气生根层层叠加，茎干愈加厚实。于室内大型空间以盆栽方式供观赏，户外可列植或群植，富有自然情境。

大羽叶长1.5~2米、宽80~160厘米，叶背密被灰色的细小茸毛及鳞片。小羽片互生，长50~80厘米。小叶互生，镰刀形，长50~80厘米，叶端尾形锐尖，全缘，叶面绿而带有黄褐晕色，叶背灰白。

一般以孢子繁殖。耐阴又可种在半阴处，土质以富含腐殖质的沙壤土较理想，注意供水，土壤较喜好略润湿。

▶2~3回羽状复叶

▶单干乔木状

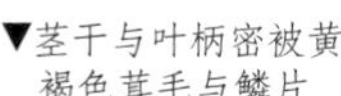

▼茎干与叶柄密被黄褐色茸毛与鳞片

▼老叶脱落后的叶痕大而明显

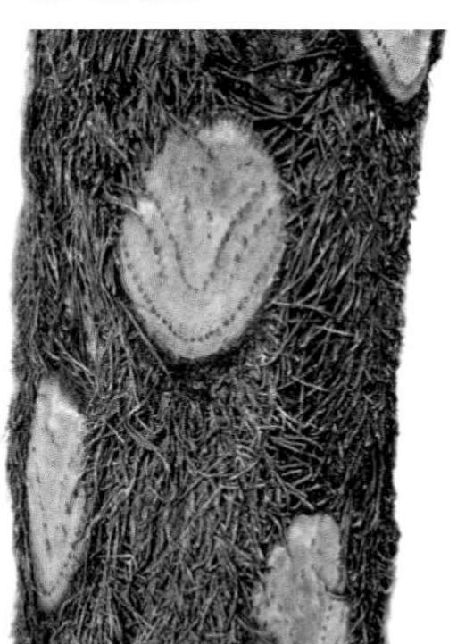

▼干顶中心的幼芽成卷曲状

骨碎补科

Davalliaceae

Davallia

多是附生性，分布于热带或亚热带雨林区的树干或悬崖向阳的壁面缝隙中，沿溪流岸边的潮湿卵石上亦可见其踪迹。

最大特征就是具有裸露在外的根茎，叶片多为羽状复叶，羽叶呈三角形，由细长叶柄支撑，孢子囊群着生于小叶缘的小脉顶端边缘处。

马来阴石蕨

学名： *Davallia parallela*

原产地：印度尼西亚、南亚、中国

植株高12~18厘米，根茎与叶柄密被黑褐色披针状鳞片。叶片下部一回羽状，上部深羽裂、几达叶轴；小叶长10厘米、宽4厘米，总柄长8厘米，叶革质无毛，叶端圆钝，全缘。褐色孢子囊群着生于羽片上半部、近叶缘。

▼颇长的根状茎、匍匐状，羽叶丛生其上

▼一回羽状复叶或深羽裂

▲羽片15~20对，线披针形

兔脚蕨

学名： *Davallia mariesii*
(*D. bullata* var. *mariesii*)

英名： Ball fern, Hare's–foot
Rabbit's foot fern
Squirrel's foot fern

原产地：新西兰、日本

根茎肉质，粗0.6~1.2厘米，根茎覆盖淡褐色毛茸，如兔脚般而得名。其特殊根茎可以塑造成各种形状，适合一般室内盆栽，亦可应用于户外景观，与岩石假山搭配，或让根茎攀附壁面生长，都是很理想的利用方式。3~4回羽状复叶，叶柄色稍深，长10~30厘米，羽叶长10~30厘米。小羽片椭圆形或羽状裂叶，革质。

光线强弱适应范围广，以明亮、非直射光较适宜，亦可忍耐弱光。盆栽用土宜选用粗质、排水快速、通气良好的基质，如粗块树皮，蛇木屑或粗河沙、园艺用炭块、水苔等，pH值宜偏酸（5.5~6.5）。于温暖的生长旺季需水量大，土壤须经常保持适度润湿，2次浇水间容许其土壤有干松时刻。冬日休眠期间浇水须格外小心，切忌过量、过频，肉质根茎泡在水中，会造成腐烂现象。若已发生需尽速切除水烂部位，再重新种植。

地上部的细小羽叶，在高湿度空气下亦会水腐。盆栽时切忌将其根茎埋入土中，根茎会自然向外伸展。需肥不多，盆栽时于盆底加入腐熟厩肥，日后于生长旺季施用1/4浓度的液肥即可。

耐寒力较强，10℃以下甚至霜害都可忍耐，寒流之际发生落叶现象不用担心，天气温暖后会另萌生新叶。适合生长的温度范围10~18℃，空气须流通，相对湿度需50%。于春天日照愈来愈长、气温渐升时播下孢子，较有利其生长，亦可用根茎分切或高压法繁殖。

◀小叶细小，叶面浓绿具光泽

▼羽片愈近顶处愈小

▲根茎可贴附树干面着生

阔叶骨碎补

学名： *Davallia solida*

原产地： 缅甸、马来西亚、太平洋岛屿、菲律宾、中国

喜生长于低丘的潮湿阴暗树林下，于林缘树干着生或岩生。粗大的根状走茎密布鳞片。2~3回羽状复叶，长达30厘米，总柄长30厘米，基部具关节。当天气恶劣时会落叶，仅以走茎度过极端干旱、低温环境。

▼如放大版的兔脚蕨

▲基部羽片最下方的小羽片特别长

蚌壳蕨科

Dicksoniaceae

Cibotium

►根状茎密披金黄色长毛，因其形如狗头而得名

金毛狗

学名： *Cibotium barometz*

英名： Lamb of tartary

原产地： 中国、马来西亚西部

多生长于山麓沟边和林下阴暗处的酸性土壤。在东南亚，其金色茸毛因具有止血功能，被当作中药而遭采挖，野生种数量已不多。多年生草本植物，株高2~3米，粗短的根状茎几乎横卧地面。三回羽状复叶，粗叶柄长达1.2米，基部密被黄褐色毛，羽叶革质，长2米、宽1米，叶缘浅锯齿，叶面深绿色富光泽，叶背灰白色。

台湾金毛狗

学名： *Cibotium taiwanense*

英名： Taiwanense cibotium

原产地：中国台湾

根茎粗短横走状，三回羽状复叶，叶柄长70厘米，羽叶长160厘米、宽50~60厘米，小羽片长15厘米、宽1.5厘米，叶面绿色，叶背白绿色。每一小羽叶上孢子囊群仅1~2。喜生长于阴湿的岩壁上。

▲根状茎长满金色毛茸

▶叶柄长，深褐色至黑色

▶小羽片深裂具柄

鳞毛蕨科

Dryopteridaceae

Arachniodes

细叶复叶耳蕨

学名： *Arachniodes aristata*

英名： East indian holly fern

原产地：中国、日本

着生环境包括地面林下、边坡以及路旁，具长走茎，三回羽状复叶，长35~70 厘米、宽30厘米，顶生羽片特别长，叶柄长 40~80 厘米，叶轴具明显凹槽、被红褐色鳞毛，叶革质，羽片6~9 对，末羽片边缘具芒刺，所有羽片的基部小羽片亦较长，小羽片长卵形。孢子囊群圆形，遍生于叶片背面，孢膜圆肾形。

Cyrtomium

多簇生型植物，粗肥地下根茎密覆褐色小鳞片。原产地在旧世界区域。一回奇数羽状复叶或羽状裂叶，小叶革质、网状脉。总柄细长，近地表处密生鳞片。圆形孢子囊分散于叶背。

全缘贯众蕨

学名： *Cyrtomium falcatum*（*Polystichum falcatum*）

英名： Fishtail fern, Japanese holly fern

原产地： 日本、中国、印度

羽叶全长60~72厘米，小叶歪长卵、披针形，长5~10厘米，叶面光滑浓绿并富有光泽，叶厚草质，侧羽片6~14对。

▼小叶多为全缘，偶见细锯齿

▼羽轴两侧孢子囊群多排

冬青蕨

学名： *Cyrtomium falcatum* 'Rochfordianum'

英名： Holly fern

别名： 齿缘贯众蕨

为一园艺栽培品种，与原种在外部形态上的差异：叶缘锯齿粗大明显、叶形似冬青叶，叶身较宽阔，叶卵形，小叶端尾尖较明显，枝叶较茂密，株高多30厘米以下，植株较低矮、外形轮廓较美观。性喜冷凉，生长适温10~18℃。耐阴性强，可耐低光度的室内角落。盆栽土壤须经常保持略润湿状，但短时间的土壤干松，也不致立即造成永久萎凋。适应性高，耐力强，生性强健，对人为依赖不如其他蕨类，较能容忍环境变动与人为忽视，于空气湿度较低的室内空间生长也不成问题，是室内盆栽蕨类中相当容易养护者。繁殖多用孢子或分株方式。

▼置于光线较明亮处叶片才不会徒长

▼孢子囊散生于叶背

海金沙科

Lygodiaceae

Lygodium

分布于热带或亚热带地区。叶型变化多。孢子囊常成对排列于羽叶的裂片缘，具有苞膜，且如鳞片般具硬实感。

海金沙

学名： *Lygodium japonicum*

英名： Japanese climbing fern

原产地： 日本至印度、澳洲北部

多年生草本，地下具匍匐状根茎、被毛茸。根茎发出1~3回羽状复叶。一般羽状复叶不会有顶芽，顶生叶片不会延伸，海金沙非常特殊，羽状复叶的中轴如茎枝般、似可无限延伸，不停地长出顶生羽片，且具缠绕性，复叶总长度可达10米以上。状似蔓藤，其蔓性般的地上茎枝，只是羽状复叶的中轴无限延伸。中轴发出互生的羽片，羽片外形轮廓似三角形，长宽均10~20厘米。每个羽片上又互生排列着不对称的掌状裂叶状的小羽片，长3~8厘米。不会着生孢子囊的小羽片，以中央裂片较瘦长；会长孢子囊的小羽片，似乎较小，形成羽状深裂叶。

可用孢子或压条法繁殖，孢子囊群就长在裂片缘。具韧性的叶轴无限延伸，于庭园各处或郊外山区，常见其踪迹。可种在吊盆或蛇木柱上任其攀缘，叶色鲜绿且叶形美观又多变化，颇具观赏性。

对光照需求颇有弹性，全阳至中度光照场所都可生长，但于盛夏直射强光下，叶色较泛黄，宜加布帘或移至散射光处，于半阴光处的叶色较佳。土壤浇水不可过于频繁，土壤太过潮湿不利生长。喜好高湿度的空气环境，于阴湿处生长更加繁茂。喜稍冷凉气候，以夜温10~18℃生长较佳。

◀小羽片3~5裂

▼掌状裂叶状的小羽片不对称

观音座莲科

Marattiaceae

Angiopteris

具头状肉质直立的根状茎，叶柄粗壮，基部有1对托叶，叶柄基部一群托叶构成类似莲花般，类似观音大士的莲座，故称观音座莲。叶片1~2回羽状，叶基与叶轴或叶柄顶端处常有膨大的膝状关节。

伊藤式原始观音座莲

学名： *Angiopteris itoi*（*Archangiopteris itoi*）

原产地： 中国台湾

别名： 伊藤氏原始观音莲座蕨、伊藤氏古莲蕨

我国台湾特有种，一回羽状复叶，叶柄长60~100厘米，基部密披鳞片，具叶枕及托叶，羽叶长1~2米，孢子囊线形。

▲托叶形成莲座状以保护新芽

▲小叶缘不平整，非全缘，亦非锯齿缘

▶羽片7~11

▲叶柄的膝状关节

观音座莲

学名： *Angiopteris lygodiifolia*

英名： Vessel fern

原产地：中国、日本

中国低海拔山谷阴暗潮湿处常见。大羽叶长1~3米，叶柄具关节。小叶长8~10 厘米、宽 1.5~2 厘米，叶基楔形，叶端突尖至渐尖，叶缘锯齿。喜阴湿环境。

▲孢子囊群位于小叶片侧脉近叶缘处

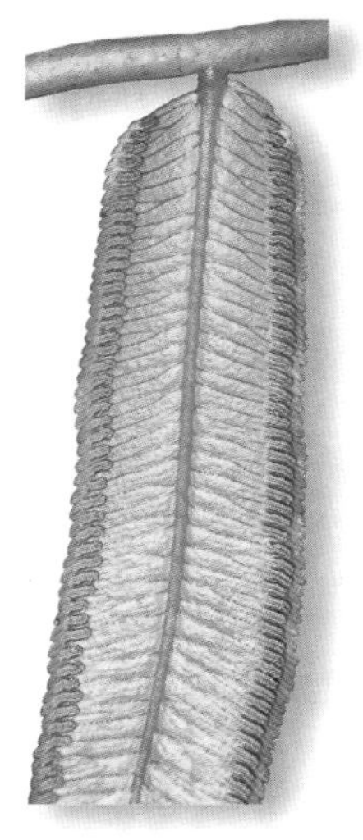

▲8~12枚孢子囊集成孢子囊群

◀二回羽状复叶

▼每一叶柄基部具2枚木质化托叶，全体呈莲花状

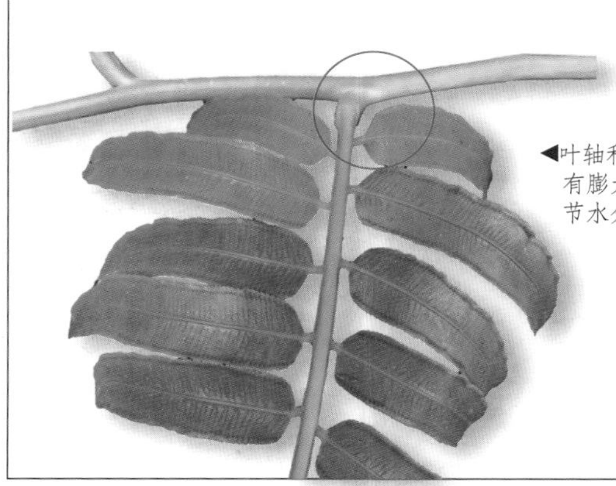

◀叶轴和羽片交接处有膨大叶枕，可调节水分蒸发

兰屿观音座莲

学名：*Angiopteris palmiformis*

原产地：菲律宾、泰国、琉球群岛南端、中国

株高3~4米，成熟叶二回羽状复叶，长3~4米，总柄具关节，小叶长10厘米、宽1.5厘米，叶缘锯齿。8~16枚孢子囊集成孢子囊群，着生于小叶侧脉接近叶缘。性喜潮湿阴暗环境。

◀小叶披针形

◀小叶基钝圆，叶端渐尖，叶缘钝锯齿

▼幼叶为一回羽状复叶

Marattia

观音座莲舅

学名：*Marattia pellucida*

原产地：中国、菲律宾

株高2米，新芽密被鳞片。总叶柄具关节，基部的托叶老化会弯曲断落。小叶片长披针形，长6~10厘米、宽1~1.5厘米，叶端锐尖，叶缘锯齿。孢子囊群位在小叶片侧脉近叶缘处，外形似包子，中间有棱。性喜阴湿。

►叶轴和羽片交接处有膨大的叶枕，具有调节水分蒸发的功能

▼每1叶柄基部具2枚托叶

▼三回羽状复叶，长达2米

肾蕨科

Nephrolepidaceae

Nephrolepis

英名统称为Sword ferm，来自热带或亚热带地区的陆生性蕨类。植株常见短缩的直立根茎，其上被鳞片。一回羽叶，羽片和中轴连接处有关节，另外会产生走茎。本属常见的室内植物波士顿蕨，对环境适应范围广，阴暗处至全阳明亮处、潮湿至干热地常见其踪迹，室内盆栽、户外露地种植都颇适合。

肾蕨

学名： *Nephrolepis auriculata*（*N. cordata*, *N. cordifolia*, *N. tuberosa*）

英名： Erect sword fern, Fishbone fern Ladder fern, Sword fern

原产地：热带亚洲与非洲

具地下根茎，走茎末端形成圆形块茎，直径2~5厘米，富含汁液可贮存水分，又名球蕨。根出叶，一回羽状复叶，长30~60厘米、宽5~6.5厘米，叶轴具黄棕色的鳞片状毛茸，羽叶中央的小叶较长、近两端渐缩短而显得宽胖。羽片有小叶50~70，无柄，彼此间密接，呈二列状整齐有序，小叶长椭圆形，绿色，叶端钝，叶基歪，另具1耳片，叶缘锐锯齿。孢子囊群近叶缘，位于小脉顶端，囊群盖圆肾形。

分布范围相当广泛，不论向阳地或阴暗处，路旁、山坡间，岩石缝隙或树干，尤其喜欢着生于一些棕榈植物粗干上，只要有一点立足空间，就可以生长，相当耐寒。

▼常成群生长

长叶肾蕨

学名： *Nephrolepis biserrata*（*N. ensifolia*）

英名： Bold sword fern, Coarse sword fern Purple-stalk sword fern

原产地： 热带地区

一回羽状复叶，鲜绿色，羽叶长120~200厘米、宽10~30厘米，长而呈弯垂状。镰刀状的小叶长15厘米、宽1.5~2 厘米，缘略有锯齿，革质。性喜温暖、半阴与潮湿环境，生长适温16~26℃。

生长环境要求不多，生性强健，地下根茎具蔓延性，户外阴湿地种植时需界定其生长范围，免得失控，到处生长。耐阳，种在海岸地带亦不成问题。于阴暗处的岩壁或树干常成群着生，自然形成一大族群。

▲喜着生于树干表面

缀叶肾蕨

学名： *Nephrolepis cordifolia* 'Duffii'

英名： Lemon button fern

原产地： 热带地区

体积小，株高30厘米、幅径24厘米。叶椭圆、圆形，形似纽扣。叶轴绿色，具沟槽，披白色细毛。小叶几无叶柄，叶绿色，全缘或钝锯齿。需明亮的散射光，土壤保持湿润，需高空气湿度，不耐寒，生长最低限温4℃。

波士顿蕨

学名： *Nephrolepis exaltata* 'Bostoniensis'

英名： Boston fern

闻名遐迩的波士顿蕨，生长势旺盛，一回羽状复叶，羽片较宽阔，羽叶长50~100厘米，披针形、翠绿色小叶，平出、叶缘波状，叶端略扭曲，小叶长6~8厘米。

喜好冷凉，生长适温10~18℃，最低限温15℃，夏日高温促使其快速生长。夏日宜远离强烈的直接日照，冬日的柔和阳光则可多接触，以明亮非直接日照较适宜；耐阴，可忍耐低光。

波士顿蕨虽喜高空气湿度，颇适应一般室内环境，甚至有空调的室内，只是空气太过干燥，介壳虫较易发生。蚜虫、红蜘蛛、蓟马或粉介壳虫危害时，最好不要用杀虫剂，可以肥皂水喷洒控制。在通风口的风力太强处，生长会受影响。盆栽用土可采用培养土、粗沙与腐叶土（或泥炭土）按1:1:2混匀。若做吊盆为减轻重量，则泥炭土与蛭石（或珍珠岩）相同分量混合使用。土壤pH6~7较适合。稍具有耐旱力，每次待盆土干松后，再补充水分。生长旺季盆土需常维持略润湿，切忌黏湿状。布满叶片的盆钵，若浇水不易渗入时，可采用浸泡方式供水。另浇水最好不要直接洒在叶片上，以免叶片积水造成水腐。低浓度肥料于生长旺季每月施用1次。换盆不需太勤快，1~2年于春季换盆1次，由小植株渐渐长大，每年换盆时只需使用大1号尺寸的盆钵，并修剪过多的根群与萎黄的老叶、走茎等。不会着生孢子，只能利用走茎顶端接触土壤而发生的小植株或分株法来繁殖。适合室内盆栽或吊钵栽植，以美化居室环境。户外可地被栽植或应用于岩石假山。叶片亦可切叶插花使用。

品种概述如下：

- “Bostoniensis Compacta”（Dwarf boston fern）：羽叶更密簇，小叶具不规则的波状缘，叶端更加明显。
- “Mini Ruffle”：迷你袖珍种，羽叶长度多不超过6厘米，2~3回羽状复叶，羽叶直立少见弯垂，小叶精细且卷曲密簇，适合小品盆栽或瓶植。
- “Verona”（Verona lace fern）：羽片瘦长、细软、弯垂向下，2~3回羽状复叶，黄绿色小叶形成纤丝状，叶片极细小，最好不要喷水于叶面，水分贮留叶间细小缝隙，易造成叶片腐烂，室内空气高度闷湿时亦会如此。
- “Florida Ruffle”：2~3回羽状复叶，羽片上密集着生细碎且扭曲的小叶片，大羽叶直挺有力，长达60厘米，中型植株。
- “Fan dancer”或“Bostoniensis Aurea”（Fan dancer fern）：1回羽状复叶，小叶披针形直出，少有扭曲现象，小叶片彼此密接、黄绿色。
- “Whitmanii”（Feather fern, Lace fern）：中型植株，2~3回羽状复叶，小裂片长条扭曲状，质感细致，叶色翠绿。
- “Teddy Junior”：1回羽状复叶，羽叶密簇。小叶宽线形、波浪扭曲状，所有小叶于羽叶呈规则二列状，整齐中却暗藏变化。新叶黄绿，后转翠绿色。

▲具细长走茎

▲长羽叶易弯垂

密叶波士顿肾蕨

学名： *Nephrolepis exaltata* 'Corditas'

别名： 蕾丝蕨

原产地： 热带亚洲、非洲

密簇型植株，2~3回羽状复叶，叶片扭曲卷缩。小叶片数多且细小精致、紧密簇拥，整个羽叶仿佛蕾丝细花边。

细叶波士顿肾蕨

学名： *Nephrolepis exaltata* 'Crispa'

大羽叶前端的小羽片较细小，小羽片翠绿色、圆钝深裂，适合作为室内小品盆栽。

▲新叶黄绿色

▲小叶羽状裂叶

虎纹肾蕨

学名： *Nephrolepis exaltata* 'Tiger'

英名： Boston Tiger fern

株高45~60厘米。羽叶轴披褐色细毛，小羽片长三角形，为少见的斑叶蕨类。喜充足的散射光，湿润、排水良好的土壤，空气湿度需求高，生长尚快速。

▼叶面翠绿，具不规则黄色斑条

▲小羽片紧贴叶轴密生，覆瓦状排列

卷叶肾蕨

学名：*Nephrolepis exaltata* 'Wagneri'

▶小羽片波浪状扭曲

▶羽片直出，株高可达90厘米

鱼尾肾蕨

学名：*Nephrolepis falcata* 'Furcans'

英名：Giant sword fern
Purple-stalk sword fern

原产地：热带地区

羽状复叶长1~2米、宽10~25厘米，叶柄长40~60厘米，基部被黑褐色鳞片。小羽片长披针形，近无柄，叶基圆形，长8~18厘米、宽1~2厘米，叶面翠绿，叶脉游离，侧脉1~2次分叉未达叶缘，叶缘锯齿。

▼长羽叶易软垂

◀小羽片端渐尖，常分叉，似鱼尾

紫萁科

Osmundaceae

Osmunda

粗齿革叶紫萁

学名： *Osmunda banksiaefolia*

英名： Grossdentate osmunda

原产地： 中国、菲律宾、日本

直立短茎，羽叶丛生，地下根茎既粗又大。株高100~150厘米。1回羽状复叶，羽片又厚又硬。小叶长 10~20 厘米、宽 1.5~2 厘米，长披针形，革质，叶缘粗锯齿。喜高湿气的阴凉环境。

鹿角蕨科

Platyceriaceae

▼叶分二型

Platycerium

本属蕨类英名统称为Staghorn fern, Elk's-horn fern, Antelope-ears，因其叶片形似麋鹿的角而得名。多属于气生型植物，常附生于树干或岩壁、峭壁面，植株体自然垂悬于空气中，形态优美。主要原产地在旧世界区的热带或亚热带地区，来自热带者，耐寒力较差，对中国南方的平地气候多适应良好，容易养护栽培。来自温带地区者，虽能容忍酷寒严霜，却怕夏季炎热，度夏较困难。环境适应弹性广，无论是潮湿的半阴地、热带雨林区，还是空旷地都可生存。人为栽种时，可利用通气良好的栽培基质，如蛇木板、蛇木盆、粗质水苔、泥炭土与树皮块、园艺用煤块或轻石，甚至土壤来种植，常以悬挂方式供观赏。

鹿角蕨的叶分二型，一种大型明显，伸展于空气中，状似麋角，叶面密覆茸毛，孢子囊群集生于叶端，称为孢子叶、生殖叶或能育叶；另一种不产生孢子，叶片较小呈圆、椭圆或扇形，密贴于所依附之物，春夏新长出者嫩绿，秋冬则枯萎转变成纸质褐色，称为营养叶、不育叶。多数种类的营养叶向上朝外展开，与树干间形成凹槽，可借以收集落叶、昆虫尸体、雨水等，以提供本身所需的水、养分。少数种类的营养叶紧贴于树干或蛇木板上，靠叶片老化更新以提供养分来源。

初学者不易利用孢子繁殖，即使孢子发芽，小芽苗处理亦不易，常于未长大前死亡。大株的麋角蕨具有冠芽，于春或早夏，地下根茎生长较具活力时，进行分株繁殖较易成功。多芽性者具不定芽，可采用分芽繁殖。植株基部在不育叶的叶缘可能发生萌蘖，待长得够大易于处理时，摘下另行种植。

不须直射光，以明亮的散射或反射光线较适宜。盆栽用土宜通气且疏松，以水苔、泥炭土与砂壤各1份混匀使用，植物定植后，盆土表面再覆加2.5~5厘米的水苔，以保证不育叶不至于失水而提早褐化。若种在蛇木板上，夏天需水较多，每星期浸泡1~2次，即将整个蛇木板（植物部分最好不要）充分浸在清水中，至少15分钟，沥干水分后再吊挂起来。秋冬每1~2星期浸泡一次即可，寒流来袭时，宜保持干爽较不易受寒害。盆栽浇水最好于2次浇水间，让土壤有干松、通气机会。

适合生长的空气相对湿度为70%，低至50%~60%也还可忍耐，因为叶片表面有一层蜡质，较之其他蕨类植物，较不需高湿度的空气环境，因此颇适合摆挂室内观赏。

施肥多以液状稀薄肥料浇于盆中土面或喷施细雾于叶面。亦可添加速效肥料于清水中，将附着植物的蛇木板，采用浸入方式供肥。

病虫害需注意蚜虫、介壳虫、红蜘蛛与蓟马的危害。尤其光线差，植物体庞大、密集，空气滞留通风不良时，易感染病害虫。最好不要使用杀虫剂，可在清水中加入肥皂，制成肥皂水来喷施，可有效防止。

▶不育叶转变成纸质的浅褐色

圆盾鹿角蕨

学名： *Platycerium alcicorne*

原产地： 非洲东南部、马达加斯加岛东南端

根状茎短，披褐色鳞片，不育叶的叶面蜡质，无毛，径32厘米，革质无齿裂；生育叶长可达60厘米，叶基渐狭、叶端较开阔且分裂，被覆星状毛。孢子囊着生于生育叶裂部前端。生长最低温5℃。

▲不育叶圆卵形

▶生育叶端多分叉

▶着生于蛇木板上

安地斯鹿角蕨

学名： *Platycerium andinum*

原产地： 秘鲁、玻利维亚境内的安第斯山脉西侧区域

别名： 美洲鹿角蕨、天使的皇冠

为南美洲唯一的鹿角蕨，原生育地为干燥的热带森林，降雨稀少。常围绕树干生长一圈，而被称为天使的皇冠。全株披白色细短毛，多芽型，具不定芽。生育叶可长达2米。孢子囊群着生于第二分叉处，呈暗褐色。

不易种植，水一多即烂根，基质给水半湿即可，待全干后再供水。不喜高温，喜爱充足阳光，遮光不得高于50%，最低限温15℃。

▶生育叶多回2~4叉分裂，翠绿色

◀不育叶上扬，叶端分裂

麋角蕨

学名：*Platycerium bifurcatum*

别名：二叉鹿角蕨、蝙蝠蕨、鹿角山草

原产地：澳洲东部、波利尼西亚、巴布亚新几内亚、新喀里多尼亚

主要观赏的生育叶会上扬伸展或弯垂向下，表面密布柔毛，多回二叉分歧，易生侧芽；具柄，柄长7.5厘米，叶长90~100厘米，革质，叶背绿或泛灰白光泽。不育叶圆肾形，叶面径约30厘米，新嫩时鲜绿色，渐转枯干变浅褐，缘波状或浅裂，彼此叠生。野外，不育叶贴附树干表面，收集该植物维生的水分与营养物。孢子囊群密集着生于生育叶背面的裂片顶端，范围可达分裂处，成熟时褐色。

不须直射阳光，半阴半日照、相对湿度70%~80%生育较好。生长适温16~21℃，超过35℃高温，叶尖易干枯，可耐寒近0℃。生命力强劲，对环境适应广，适合人为栽培，仅需不多的养护，就能生长良好。栽培相当普及，也衍生出许多品种：

- “Majus”：叶色较绿，生育叶初直立向上伸展，分裂后才向下垂弯，裂片较原种短小。
- “Netherlands”：生育叶数量多且密簇，叶色灰绿，较短小，深裂，裂片窄而下垂。
- “Robert”：叶色灰绿，生育叶质厚硬挺，半直立性，较深裂。
- “San Diego”：叶色暗绿，无毛茸，顶端裂片显得瘦长且质较薄。
- “Ziesenhenne”：类似原种，暗绿色的生育叶较小，深裂，裂片瘦长，生长慢。
- var.“lanciferum”：生育叶深叉状分裂，裂片瘦长，宽仅1.8厘米。

布鲁米鹿角蕨

学名：*Platycerium* ‘Bloomei’

不育叶近圆形，堆叠包覆于着生物上，老化干枯后呈浅褐色；生育叶直立，翠绿色，叶端深裂，中肋明显。孢子着生于生育叶裂片最前端。

皇冠鹿角蕨

学名： *Platycerium coronarium*

原产地：东南亚

全球分布较广，株高4米。不育叶厚而高大；生育叶长而扭曲，第一分岔出2短1长，长可达3米。孢子囊群位于汤瓢形小裂片上。

栽培地点需提供充裕空间让生育叶自然下垂。不耐寒，生长最低限温15℃。

▶生育叶多回二叉分裂

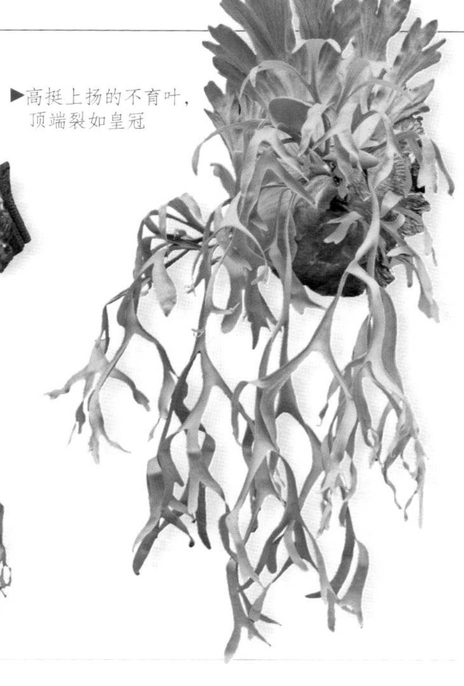

▶高挺上扬的不育叶，顶端裂如皇冠

象耳鹿角蕨

学名： *Platycerium elephantotis*

原产地：非洲中部

不育叶扇形上扬，上缘波浪状。生育叶下垂，不分裂，巨大且宽阔如象耳，长达1米，于冬季枯萎，翌春长新叶，呈现明显周期性变化。孢子长椭圆形，孢子囊群着生于生育叶端。生长最低限温15℃。

◀盆植幼株

▶生育叶于夏末初秋长出绿色新叶

▶不育叶过冬后春天褐化枯干

爱丽丝鹿角蕨

学名： *Platycerium ellissii*

原产地： 非洲东北角与中部东侧

生育叶近顶端较宽大，2裂。孢子囊群密生于分裂处前端，黑褐色。需高空气湿度，生长适温15~32℃。

▲不育叶圆形，革质具光泽

▼生育叶面深绿、背银白色

佛基鹿角蕨

学名： *Platycerium* 'Forgii'

全株披白色细毛。不育叶圆盾形，堆叠包覆于着生处，幼叶浅绿色，老化后逐渐转褐色，叶缘波浪；生育叶细长直立，叶端浅裂。

大麋角蕨

学名： *Platycerium grande*

英名： Regal elkhorn

别名： 壮丽鹿角蕨、巨兽鹿角蕨

原产地： 澳洲东部至菲律宾、新加坡

单芽型的大型附生植物，全株光滑无茸毛。叶分二型，不育叶，径80~120厘米，扇形，叶端2叉状分裂，裂片宽阔，裂端钝头，灰绿色的叶面上有暗色的叶脉纹路。生育叶弯垂状，长90~180厘米，叉状成对分裂，裂片随年龄增加且变长。裂片弯曲的宽阔处，会形成2半圆形的孢子囊群块。

不需直射强光，明亮的非直射光处较适合，栽培基质或附生物需常保润湿，高空气湿度生长快速。于热带或亚热带庭园的树木上附生良好，若人为栽培，冬日寒冷时，植株及基质须保持干燥。本种类似超级棒鹿角蕨（*P. superbum*）不同处是本种的孢子囊群非1块，而是2块。本种对冷更敏感，较不耐寒，生育环境需较温暖，生长适温16~26℃，最低限温15℃。

◀位于上方被不育包覆的生育叶

▶不育叶彼此铺布紧贴附生物

立生麋角蕨

学名： *Platycerium hillii*

英名： Stiff staghorn

原产地： 澳大利亚昆士兰

又名昆士兰鹿角蕨。不育叶圆形，片片叠覆，紧贴附生物。生育叶半直立性，至分裂处弯垂，长达90厘米，叶形扇状，由叶基渐加宽至叶端浅裂，裂片长度不及全叶长的1/3，裂片宽阔，宽达7.5厘米，浓绿色。孢子囊群着生于裂端背面。喜半阴或非直射光的温暖环境，空气湿度不需太高，耐寒力较差，生长适温16~26℃，最低生长限温10℃，易栽培。

荷氏鹿角蕨

学名： *Platycerium holttumii*

原产地： 柬埔寨、老挝、越南、泰国及中南半岛

又名何其美鹿角蕨，单芽型。不育叶的叶缘锯齿、近芽处无锯齿；生育叶2片，较短，分叉少，楔形，每片各具一小的上扬叶片及大的下垂叶，两者均具孢子囊斑。生长最低限温15℃。

▼附生于蛇木板

▼不育叶高大，形似珊瑚

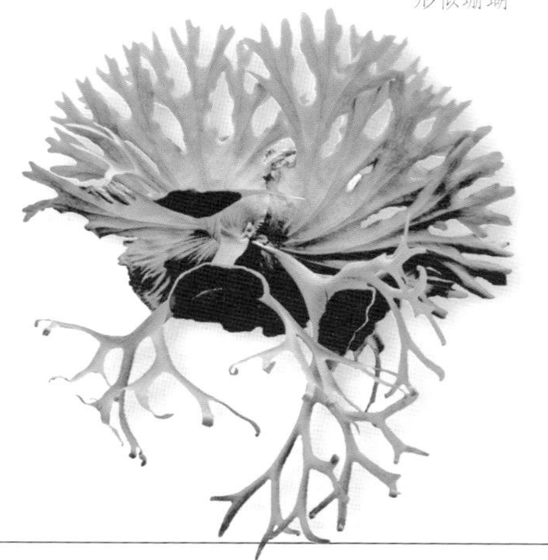

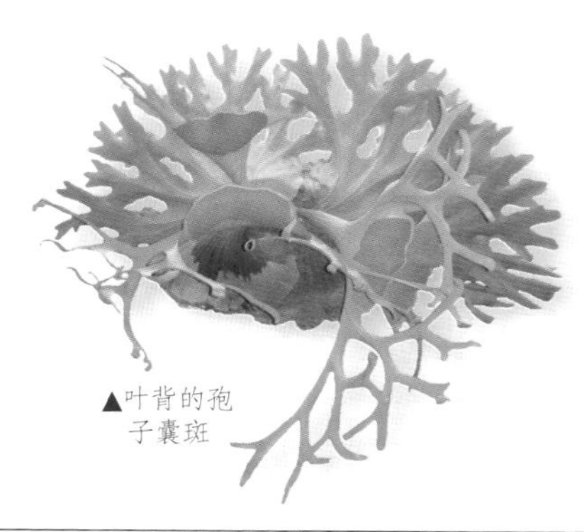

▲叶背的孢子囊斑

普米拉鹿角蕨

学名： *Platycerium* 'Pumila'

全株披白色细毛。不育叶圆盾形，老化会逐渐转为褐色，叶缘波浪状，叠覆包被于附生物上；生育叶细长三角状，直立，叶端2回分叉。

猴脑鹿角蕨

学名： *Platycerium ridleyi*

原产地：马来半岛、苏门答腊岛中部、加里曼丹岛北部

又名马来鹿角蕨，单芽型。包覆树干的圆形不育叶内常有蚁巢，隆起的叶脉便是蚂蚁的通道，根茎特别长。孢子囊群着生于生育叶小裂片。生长最低限温18℃。

◀如鹿角上扬的生殖叶

▶不育叶的叶脉隆起，似猴脑而得名

三角鹿角蕨

学名： *Platycerium stemaria*

原产地：非洲中西部

多芽型。不育叶高大，叶缘波状，叶背多毛。生育叶宽短下垂，每裂片约等大，孢子囊群着生于第一分处，熟时暗褐色。喜低光多湿，不寒，生长最低限温18℃。

◀生育叶2~4二叉分裂

▶不育叶常左右对称生长，中间形成"V"字开口

超级棒鹿角蕨

学名： *Platycerium superbum*

原产地： 澳洲

单芽型，大型附生植物，全株几乎光滑无茸毛。硕大的营养叶，长达1~1.3米，叶缘上端深裂且前翻，主要作用为收集落叶及雨水。生殖叶长1~2米，叶端浅裂，每裂叶的叶端分叉处具一椭圆形孢子囊斑。生长最低限温15℃。

银鹿角蕨

▲生育叶上扬

学名： *Platycerium veitchii*

别名： 直立鹿角蕨

原产地： 澳洲东部

多芽型，盆栽株高45厘米。生育叶的叶面被覆茸毛，叶背披白色星状毛，直立向上伸展、仅叶端下垂，掌状二叉分裂，孢子囊密布于叶背裂端。耐干燥、喜强光。生长最低限温15℃。

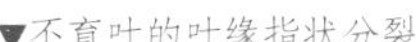

▼不育叶的叶缘指状分裂

▶盆植

瓦氏鹿角蕨

学名：*Platycerium wallichii*

原产地：印度、泰国、中国、中南半岛

附生性，单芽型。不育叶的叶基圆肾形，叶端波状浅裂、深浅不一，颇高大、外展。生育叶扇形，长90~100厘米，革质、易下垂，密布细白毛，叶背灰绿。表面叶脉色浅而明显，主裂片分叉处有孢子斑块向外翻转。生长最低限温15℃。

◀孢子斑块

瓦鲁西鹿角蕨

学名：*Platycerium* 'Walrusii'

全株披白色细毛。不育叶圆盾形，叶缘波浪状锯齿；生育叶二回二叉裂，青灰绿色，叶背浅绿色，直立，叶端下垂。

女王鹿角蕨

学名： *Platycerium wandae*

原产地：巴布亚新几内亚

世界最大的鹿角蕨。单芽型，不育叶高耸直立，前端不规则分裂，幅宽2米；生殖叶具2裂片，小者上扬、大者下垂。18℃以上生长较佳，10℃以下生长受限。

长叶麋角蕨

学名： *Platycerium willinckii*
P. bifurcatum subsp. *willinckii*

原产地：印度尼西亚、巴布亚新几内亚

为大型的附生性麋角蕨，不育叶直立向上，叶形初呈歪圆心形，而后叶片上端会呈鹿角状的缺裂。生育叶革质，长50~200厘米，叶端呈数回二叉分歧裂，初直立向上而后弯垂向下，裂片数目颇多，裂条形状狭长而窄细。全株灰绿色，密覆白色绵毛，裂端的初生银白毛茸，特别是会银光闪耀。叶柄短小，不及1.2厘米。耐寒至5℃。

与麋角蕨不同之处：裂片数更多，裂片瘦长窄细。全株泛银白光泽。孢子囊群生长处仅于裂片端，多未达分裂处。整体长度更可观。较不耐寒。

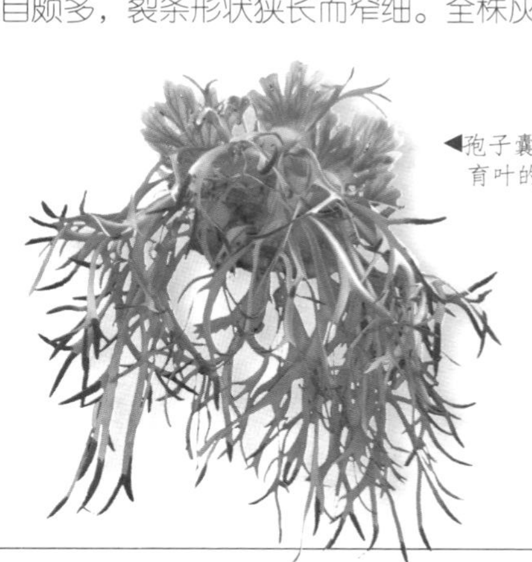

◀孢子囊群集生于生育叶的裂片顶端

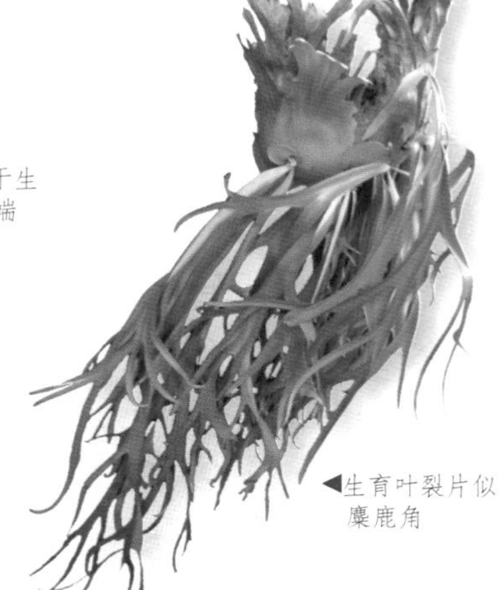

◀生育叶裂片似麋鹿角

水龙骨科

Polypodiaceae

Aglaomorpha

连珠蕨

学名： *Aglaomorpha meyeniana*

原产地：中国、菲律宾

为中国稀有濒临灭绝的植物，分布在海拔 300 米以下谷地森林的树干上。根茎肉质，外披红棕色鳞毛。叶长 30~120厘米、宽 10~20 厘米，革质。喜充足侧光且高湿度环境。

▲孢子囊群圆形，仅分布于叶片上段

▲孢子囊群着生处的羽片紧缩，于羽轴附近呈念珠状

▲一回羽状深裂叶

◀叶自地际粗大的匍匐状根茎发生

Colysis

莱氏线蕨

学名：*Colysis wrightii*

原产地：中国台湾

常见于溪边以及森林底层阴湿处或岩石上，是林下的优势植物。根茎匍匐状，被褐色鳞片。叶倒披针形，长20~45厘米、宽2~4厘米，叶缘波浪状，叶柄草褐色、具翅翼。孢子囊群长线形，沿侧脉上连续着生，无孢膜。

Lecanopteris

▲孢子着生于叶背主脉两侧

橘皮蚁蕨

学名：*Lecanopteris lomarioides*

原产地：菲律宾、印度尼西亚

生长在热带雨林内，肉质根茎易分枝，附生于树干，内部中空，外观类似橘皮、密布橘褐色鳞片，此特殊结构可吸收蚂蚁多余的排泄物，而蚂蚁居住其中、互利共生。株高30厘米，叶翠绿色，羽状脉，叶背黄绿色。耐阴，基质可采用树屑混合泥炭土，需排水快速，喜较高的空气湿度。

▼羽叶深裂近中肋

▲羽狀深裂

壁虎蚁蕨

学名： *Lecanopteris sinuosa*

原产地：菲律宾、印度尼西亚

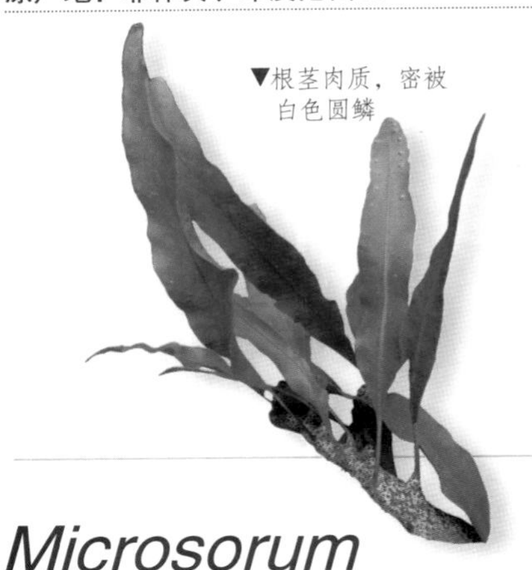

▼根茎肉质，密被白色圆鳞

中空的肉质根茎可供蚂蚁居住。叶柄长2~7厘米，叶长15~30厘米、宽2厘米，叶基渐狭，叶端钝圆。孢子囊群于主脉两侧平行排列，近于叶端。

►叶长椭圆至线形

Microsorum

中、大型植物，主要分布于亚洲热带，少数在非洲。多陆生、岩生或附生于树木上。根状茎短，匍匐状，表面被棕褐色鳞片。单叶，多披针形，偶戟形或羽状深裂，叶柄基部有关节，网状叶脉，草质或革质，多光滑无毛与鳞片，叶形变化多。孢子囊着生于叶背，圆形或椭圆形，成熟后深褐色。喜多湿环境，直射日照不宜，喜明亮的非直射光，过于阴暗的室内亦生长不良。土壤需排水良好，微酸至中性，生长旺季需常保持略湿润。以孢子或分株法来繁殖。

须边长叶星蕨

学名： *Microsorum longissimum* 'Cristatum'

原产地：中国、菲律宾

叶直立，叶片网脉色深而明显，中肋凹陷，叶端1/3~1/2羽状深裂，裂片渐细长似须边，故名之。叶缘波浪状，叶端略弯垂，偶反卷。

鳄鱼皮星蕨

学名： *Microsorium mussifolium* 'Crocodyllus'

原产地：中国、菲律宾

株高30厘米。叶长60~75厘米，叶倒披针状，青绿色，网脉明显，叶缘浅波浪状。不耐热、喜阴凉，温度高于18℃时易造成叶片脱水，生长最低限温15℃。

◀细格网脉深绿色凹陷似鳄鱼皮纹路

◀茎及叶柄短，单叶丛生

星蕨

学名： *Microsorum punctatum*

原产地：东南亚、印度、中国

株高 40~60 厘米，根状茎披暗棕色鳞片。叶柄粗壮，仅长1厘米，叶长30~60厘米、宽5~8厘米，淡绿色，革质，网状叶脉。孢子囊群橙黄色，多着生于叶片上部，不规则散生。喜高温多湿、耐阴、耐旱。

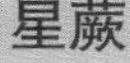

►阔线披针形叶

龙须星蕨

学名：*Microsorum punctatum* 'Dragon Whiskers'

全株被毛，根状茎披黑褐色披针状鳞片。叶长椭圆至披针形，长15厘米，无柄，叶缘中裂成须状，中肋深绿至褐色。黑褐色孢子囊群呈球状。

鱼尾星蕨

学名：*Microsorum punctatum* 'Grandiceps'

叶长30~60厘米，主脉凸显，叶端扩大2~3回分叉波浪状曲折弯曲，叶无柄。

►单叶丛生

▲►叶端状如鱼尾

锯叶星蕨

学名： *Microsorum punctatum* 'Laciniatum Serratum'

原产地： 菲律宾

株高30厘米、幅径30厘米。无叶柄，丛生自根状短茎，叶片仅中肋凸出明显，叶缘深浅齿牙不一、波浪状。

◀叶缘齿牙如锯子

二叉星蕨

学名： *Microsorum punctatum* 'Ramosum'

株高30厘米、幅径25厘米。无叶柄，叶仅中肋凸出明显。

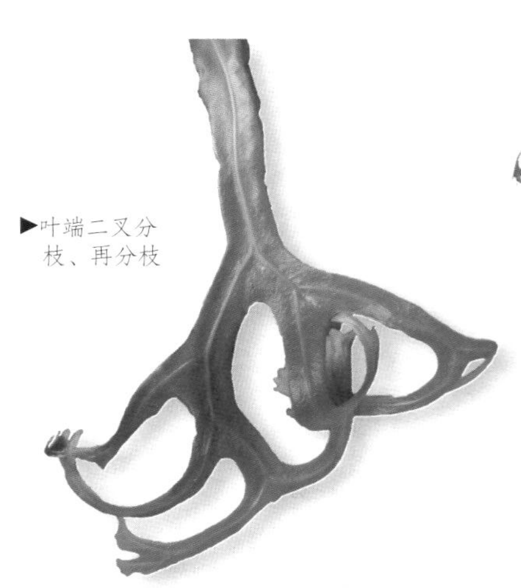

▶叶端二叉分枝、再分枝

▲叶片自地际丛生

卷叶星蕨

学名：*Microsorum punctatum* 'Twisted Dwarf'

全株有毛，根状茎披绿、黑色细毛。叶片直立短缩扭转，长15厘米、宽3厘米，叶缘波浪状。孢子囊群着生于扭转处的叶背。

长叶星蕨

学名：*Microsorium rubidum*

羽状裂叶，裂至中肋，裂片披针形，中肋白绿色。孢子囊群椭圆形，排列于叶背裂片的主脉两侧。

反光蓝蕨

学名：*Microsorum thailandicum*

原产地：**泰国、柬埔寨**

叶狭线形，长25~40厘米、宽2厘米，叶端渐尖，叶基渐狭，全缘，中肋凹，新叶绿色，老叶呈金属蓝绿色。孢子囊群多着生于叶端部分，圆形，成熟为黑色。

▲▶经闪光灯拍照，叶片发出明显碧蓝光泽

Phymatodes

海岸拟茀蕨

学名：*Phymatodes scolopendria*

原产地：菲律宾、马来半岛、中国

别名：琉球金星蕨、海岸星蕨、蜈蚣拟茀蕨

生长于沿海或近海的石砾地、山沟和礁岩等处。附生植物，匍匐延伸的根茎粗壮且发达，易分枝，外表被覆黑褐色鳞片。叶肉革质，叶轴有翅翼，叶面光滑，叶柄基部具关节，叶一回羽状深裂、裂片2~5对。孢子囊群圆形，熟时褐色，凹陷于叶肉组织间。

◀孢子囊群于裂片中肋两侧1~2列分布

▼植株优美、栽培容易，常运用于户外造景

Pyrrosia

齿边石苇

学名：*Pyrrosia lingua* 'Creatata'

全株披浅褐色细毛，单叶基生，披针形叶，叶面深绿色、叶背银白色，叶柄黄褐、银褐色，叶缘须状齿牙、深浅不一。

彩叶石苇

学名：*Pyrrosia lingua* 'Variegata'

英名：Variegated tongue fern

原产地：东亚

株高30厘米、幅径60厘米，短匍匐状根茎，全株披白色细毛。叶披针形，叶缘波浪状。喜排水良好的弱酸性土壤，生长最低限温-10℃。

▶深绿色叶面上偶有浅绿色斑条

▶圆形孢子囊群生于叶背脉上

▶单叶直立，叶柄细长草秆色

松叶蕨科
Psilotaceae

Psilotum

松叶蕨

学名： *Psilotum nudum*
英名： Pine-leaved orchid
别名： 松叶兰、铁扫把、石龙须
原产地： 热带、亚热带

全株地上部酷似成簇松叶而得名，地下根茎披褐色光滑鳞片，地上茎绿色，二叉分歧且具棱边。单叶极小，叶草质，鳞片状，长0.2厘米，无柄亦无叶脉，紧贴小枝生长；生育叶则呈二叉分裂。孢子囊群蒴果状，着生于生育叶的叶腋。喜温暖潮湿环境，常附生于桫椤科植物的茎干上。

凤尾蕨科
Pteridaceae

Calciphilopteris

戟叶黑心蕨

学名： *Calciphilopteris ludens*
原产地： 中国、东南亚

喜生长于森林溪流边石灰岩地，喜阴湿。植株高60厘米，匍匐根状茎长而横走，密覆栗黑色披针状鳞片。叶柄长20~40厘米，亮栗黑色，疏被棕色短毛。叶纸质，径10~25厘米，叶面灰绿色，叶背黄绿色，叶基心形。孢子囊群位于生殖叶裂片边缘。

▲叶形具观赏性

►叶掌状浅至中裂3~5或戟形

Onychium

日本金粉蕨

学名：*Onychium japonicum*

英名：Japanese clave fern

原产地：日本、中国

低海拔林缘常见，株高60厘米，根茎匍匐状延伸颇长。3~4回羽状深裂叶或复叶，末回小羽片裂成鸟趾状。植株整体显得非常细小，颇具观赏性，喜遮阴的潮湿环境。

Pityrogramma

金粉叶蕨

学名：*Pityrogramma* sp.

原产地：美洲

叶片细小精致，羽叶自然弯垂，叶色翠绿、整体株型非常优美。叶柄长20~25厘米，红褐色，基部具鳞片。2回羽状复叶，小叶羽状深裂，长30~ 60厘米，叶背披白色或金色鳞粉，蜡质，可用以反射阳光，减少水分蒸发。

Pteris

多分布于热带地区的陆生种蕨类。因羽状复叶基部的4个羽片展开如蝶翼一般，故名为凤尾蕨。具短茎，地下根茎横卧或斜上生长。由细长叶柄支撑着羽叶，自地表丛簇而生，1~4回奇数羽状复叶，羽片对生或多片轮生，英名通称为Brake table fern或Dish fern。小羽片多呈线、披针或长椭圆形，亦有羽状裂叶。

整体枝叶纤细，株型小巧可爱且根系不深，植株多直立性，颇适合盆栽或浅盘碟、玻璃瓶栽种。羽片长而弯垂者，亦可种成吊钵，室内盆植颇具飘逸美感。环境适应力强，户外岩石缝隙或墙面、基脚，常见自生植株踪迹，值得推广普及。

商业栽培多用孢子繁殖，是蕨类植物较容易用孢子繁殖者。孢子萌发后，幼苗生长很快，处理起来较容易。播下孢子后3个月，原叶体可分植，再过3个月孢子体也出现。再3个月就可以定植于3盆中。另一种为分株繁殖，以其地下根茎分株。

耐阴性高，绿叶种可忍耐较阴暗角落，斑叶种则须较明亮场所。冬天，以微弱的直射阳光为佳。培养土再混加些泥炭土或质细、发酵过的树皮等，有利通气与排水。根系生长力旺盛，1年可能就填满整个盆钵，并于盆壁形成环跟，因此每年最好换盆1次。耐旱力有限，生长旺季绝不可使盆土完全干旱，需常保持适度润湿，冬日寒冷时供水须减少。

空气相对湿度70%~80%生长良好，一般室内环境相对湿度较低也多可耐受。生长适温10~26℃，性喜温暖，夏日可容忍至30℃，冬日可耐5℃低温，但斑叶种较不耐寒。

春夏生长旺季应多施肥，但高浓度的化学肥料易发生药害，可稀薄浓度每星期浇用1次较安全，缓效性的化学肥料或厩肥、骨粉、牛粪等更好。注意毛虫、芋虫等会吃食羽叶，春天要防蚜虫吸食幼嫩仍卷曲的芽叶。

细叶凤尾蕨

学名： *Pteris angustipinna*

英名： Cretan brake

原产地： 中国台湾

根状茎及叶柄基部被栗棕色鳞片。2型叶：不育叶指状或羽状，顶生羽片线形，长15厘米、宽0.3厘米，端渐尖，叶缘细锯齿；孢子囊群和盖均为线形。

白玉凤尾蕨

学名：*Pteris cretica* 'Albolineata'

英名：Variegated table fern

颇常见的室内盆栽，株高20~50厘米。一回羽状复叶，长15~40厘米，每羽叶有小叶5~7片，小叶披针形，翠绿色，中间有一条明显白色斑条，叶缘细锯齿。喜温暖、湿润、散射光充足的环境，忌强光直射，基质宜偏酸性，需透气、排水佳。

银脉凤尾蕨

学名：*Pteris ensiformis* 'Victoriae'

英名：Silver-leaf fern , Victoria brake

别名：白斑凤尾蕨、斑纹凤尾蕨、斑叶凤尾蕨

原产地：东亚、马来西亚、澳洲

羽叶长10~30厘米，小叶为掌状3深裂叶，裂片为线形或羽状裂，宽0.3~0.6厘米，叶绿色，叶缘细锯齿波浪状。耐阴，耐养易栽，喜好高温，一般干燥室内亦生长良好。

▶中肋具银白细羽状斑条

◀株高15~35厘米

▲1~2回羽状复叶

石化野鸡尾

学名：*Pteris cretica* 'Wimsettii'

株高70厘米、幅径40厘米。一回掌状复叶，叶柄长且直立，叶绿色，叶缘细锯齿波浪状，小叶披针、宽带形，顶小叶较长，叶端偶出现2~3分歧。

翅柄凤尾蕨

学名：*Pteris grevilleana*

原产地：中国、东南亚

1~2回羽状复叶，革质，其中较大者为顶羽片或顶小叶，呈羽状深裂叶；两侧小羽片左右对称，深绿色，羽轴具翅翼，似长了翅膀的翼片，叶片中肋周围及叶缘附近的绿色层次不同，叶柄栗褐色，直立细长。孢子囊群为叶缘反卷的假孢膜所包被。

白斑凤尾蕨

学名：*Pteris grevilleana* var. *ornate*

原产地：马来西亚、澳洲

株高45~60厘米，与翅柄凤尾蕨不同处是其叶色，羽片近叶轴处具斑色。

琉球凤尾蕨

学名： *Pteris ryukyuensis*

原产地：中国、琉球

根状茎披棕黑色鳞片。叶柄黄褐色，具沟槽，革质，1~2回羽状复叶，不育叶以顶生小叶片较长，其下具2~3对小叶片，两侧对称，小叶长披针形，叶缘波浪状；生育叶线形，叶缘反卷形成假囊群盖，孢子着生其中。

红凤尾蕨

学名： *Pteris scabristipes*

原产地：中国台湾

2~3回羽状复叶，羽片或羽状深裂叶，叶轴具沟，新叶红色，叶柄以及羽叶中轴红褐色，小叶或裂片呈阔披针或宽带形，中肋明显，光滑革质，叶缘红色、浅波浪微锯齿状。孢子囊群聚于小羽片叶背的叶缘。

半边羽裂凤尾蕨

学名： *Pteris semipinnata*

英名： Semi-pinnated brake

别名： 半边旗、单边旗、半边蕨

多分布于林下、溪边阴湿地，株型为地上生，茎短直立、披鳞片，叶柄长20~60厘米，亮黑紫色。整个大羽叶呈卵披针形，1回羽状复叶，只有顶羽片为完整的羽状深裂叶，小叶片半边羽裂的梳齿状，裂叶不对称，裂片长条镰刀形。孢子囊群线形，着生于小羽片边缘。

乌来凤尾蕨

学名： *Pteris wulaiensis*

原产地： 中国台湾

根状茎短而直立，披褐色卵圆形鳞片。1回羽状复叶，小叶6~7对，大羽叶卵形、两侧对称，长25~35厘米、宽15~20厘米，小羽片呈梳齿状，小叶羽状深裂。

中国蕨科

Sinopteridaceae

Pellaea

Pellaea 意指 dark in colour，因叶色多浓黑暗绿。英名泛称Cliff brake，是因喜欢生长在岩石峭壁的缝隙中，属于体型小巧的岩生植物。多集中分布于温带地区与较冷凉的热带地区。根出叶的簇生型植株，体型多不高大。多为1~4回羽状复叶，薄革质。孢子囊圆或椭圆形，多集生于叶背近叶缘处，由反卷的叶缘覆盖保护。繁殖可用孢子，播种用基质的 pH值不可太低，否则不易发芽，也可于春天进行根茎分株繁殖。自然生长的气候环境多较冷凉，适合生长温度5~20℃，冷凉的冬季生长较好，高热的夏天生长较差。

纽扣蕨

学名： *Pellaea rotundifolia*

英名： Button fern, New Zealand cliff brake

原产地：新西兰

植株不高，多30厘米以下。具地下根茎，羽叶长30厘米、宽3.5~4厘米，小叶二列状，圆至广椭圆形，长1.3~1.8厘米，平滑并富光泽，全缘，短柄暗黑褐色。喜好明亮的非直射光，冬日需移置窗边较明亮处。适合浅盆广口钵，每年换盆1次，根茎可以充分伸展，地上部也长得较繁茂。盆栽用土可用粗砂混合等量的腐叶土或泥炭土。pH值以6~7、稍酸性较理想，并加入腐熟厩肥。较耐旱，当地上部出现缺水征兆时，及时大量浇灌多可恢复。若要植株长得好，宜保持稳定的土壤润湿度，不可暴湿暴干。空气相对湿度40%以上即足够。春夏生长旺季每月施肥一次，冷凉时不需施肥。喜好稍冷凉环境，具耐寒性，适合生长日温20~27℃，夜温10~16℃，0℃以下可短暂耐受。

◀一回羽状复叶

◀叶浓绿革质纽扣状

▶枝条红褐色，披细长纤毛

▼枝条由中央向四周贴地伸展

有了植物，室内就生机盎然

好友青秀的新居装潢妥当，邀请许多好友相聚聊天。新居位于市中心大厦，设计装潢雅致不俗，唯一美中不足的就是缺少植物。青秀对于照顾植物经验不多，而且工作忙碌，所以须挑选一些容易养护的室内盆栽植物。例如：马拉巴栗，对环境适应力强，强光至阴暗处皆可生长，除了要注意勿过于频繁浇水，以免把根群泡烂外，可以说相当“逆来顺受”，对于养植物可能忘记浇水的青秀而言，相当适合。另外，它有不同株高，自20~30厘米的小品盆栽，到一两米的大型立地盆景均有，颇适合新手入门尝试。

进门的玄关高鞋柜上，适合摆放一盆矮虎尾兰点缀，而壁面上可吊挂一盆蔓性婴儿的眼泪，因此处空间较狭小，最好选择枝叶细小者，以免产生局促感。客厅有大型、采光良好的观景窗，是室内光线最好的窗口，可以选择须强光方能开花灿烂的观花性盆花，如四季杜鹃、天竺葵、非洲堇，让室内植物除了有绿化作用外，还能在素雅的室内环境中增加色彩变化。

餐厅的餐桌可选择玻璃容器装填水晶粒栽培的星点木。餐桌讲究清洁卫生，切忌选择有毒植物，且须无土栽培，以免泥土污染用餐环境。而厨房是经常接触食物的场所，凡茎叶会分泌乳汁者，不论是否有毒都须远离，而有毒植物如水仙的球茎，长得像大蒜，一定要远离厨房，以免急中生错，造成危险。

厨房灶台最好不要摆放植物，而台面亦不要摆放枝叶横向伸展的植物，以免影响操作面积。若是不太使用的台面，如转角台，则可选择少落

▼餐桌植物务必讲究清洁，尽量选择无土栽培植物

▼厨房台面的小盆栽

▲浴室角落的小盆栽颇具点缀效果

叶、枝叶细小、瘦高型，株高约30厘米的袖珍椰子或朱蕉。厨房亦可吊挂干净的无土栽培吊钵，如番茄、辣椒等可食蔬果盆栽，或吃不完的大蒜种成蒜苗等，但必须吊挂于阳光充足的窗口。如果空间足够，远离料理食物区或角落，可放立地盆栽。

▲▼浴室台面可放小盆栽点缀

卧室并不适合摆放太多盆栽，因为晚上植物不再进行光合作用，却仍持续不断地释放二氧化碳，并吸入氧气；若卧室门窗紧闭，室内二氧化碳浓度会因植物愈多而愈高，可能导致身体不适。因此卧室切勿摆放大型盆栽，只能点缀少数小型盆栽。浴室湿度高，且湿度变化大，不宜放置多肉植物，容易水烂，可在浴室台面摆放小型、韧性强的盆栽。

植物基本作用与室内环境特色

◆植物基本作用

- 植物进行光合作用，以制造本身生活所需。
- 植物借呼吸作用分解糖类，产生能量以进行体内各种生化活动。
- 植物的蒸发作用，即植物叶片不断有水蒸气自体内失散逸去。

可将植物种植于完全密闭的容器内，置放于适合的光照环境下，即使不浇水或施肥，水与肥分的循环也可自行得到平衡，但要长期达到平衡，植物选种与搭配须具备专业经验。

◆室内栽植群置的必要性

人不能离群索居，植物似乎也有此习性。若从植物生理的角度来探究，单株的植物的确较不健康。白天，温度高、光线明亮时，植物叶片不断有水蒸气自体内失散逸去（蒸发作用），单置的植物只能失去水蒸气，而植物群置时，每一植物就不仅散发水蒸气，也同时浸润于周边植物释放水蒸气的环境，如同置身于一自然林间，呼吸喘息的空气中弥漫了晶莹纤细的小水滴。植物群置将自然形成空气湿度高的微气候环境，植物在其中生长得嫩绿而有精神。

◆室内环境特色

光

光线是室内植物生长最大的限制因子，因为植物需要光进行光合作用，制造植物生长所需物质。所以，利用植物美化室内时，须先了解放置植物处光照强度以及持续时间。

- 离窗口愈远，光线愈差，只适合摆放阴性植物。
- 东向窗口早上有直射阳光，西向窗口则是下午阳光较强；南向窗口整日有直射光，北向窗口少有直射光，持续时间短，光照强度最弱。
- 盆栽放置窗口时，光线仅从单边照射，植株可能因向光性产生歪斜株型。所以，摆放盆栽时，须适时转动盆栽方向，让盆栽四面平均受光，株型方能平衡整正。
- 开花植物对光照需求较迫切，较高的光照强度以及适量的光照时数，花朵方能绽放。
- 阴暗处的植物，常因光照不足造成徒长现象，枝条伸展较长、枝叶稀疏，且不易开花。

湿度

室内的空气相对湿度对一般室内植物较无问题，至于需求高湿度的植物如铁线蕨，就很难满足。

温度

- 室内温度变化较户外小，只有西向窗口午后气温较高，北向窗口冬天会更冷。
- 来自热带的植物多不耐寒，而来自温带者较不耐热。

▶白纹草不耐低温，寒冬会落叶

▲黑叶观音莲不耐低温，寒冬会落叶

植物的光照需求分类

全直接日照	南向窗口60厘米内，每日至少有5小时直接日照。不仅光照强度强，夏天气温还相当高，较适合阳性植物
部分直接日照	东向或西向窗口60厘米内，每日少于3小时的直接日照。西向窗口的夏天午后不仅光强且高热，须拉上窗帘以减少光照强度
明亮非直接日照	朝北窗口150厘米内，或其他方向的窗口60~150厘米处，适合多数室内观叶植物
部分阴暗	直射光的窗口150~240厘米处，光线较弱，但气温稳定、多无风，适合半耐阴植物，多数开花植物较不适合
阴暗	远离窗口的阴暗处，仅适合非常耐阴的植物

盆栽摆放位置

◆考虑环境条件

盆栽植物放置地点重点应考虑光照。虽然植物经过驯化过程，能学习慢慢适应环境，但若与适合环境条件差异太大，植物就不易生长良好。至于在光照不适宜处摆放植物，可通过加装植物灯辅助照明或拉上窗帘减低光照强度来调节，而空气湿度亦可以采用人为方式补强。

◆适宜摆放空间

盆栽摆放位置可依下列所述考量：

- 配合空间尺度选择盆栽大小，切勿让空间太拥挤而产生压迫感，但也不能太空洞。
- 优先选择摆放在视觉易于观赏的范围内，若盆栽主体摆放位置太高，或将太矮小的植物放置于地面层，不但不易观赏，而且容易被忽视，恐怕连例行的养护工作，如浇水都会遗忘。

台面、桌面或地面摆放

- 中型盆景，含盆钵高约1米者，可摆放于30~45厘米的矮台面或地面。
- 高大盆景，含盆钵高超过1米者，只适合摆放地面。
- 小型盆栽，高度仅30厘米者，较适合摆放在高柜、书桌或茶几上。除非与大型盆景搭配组合，或群置造景，方可放在地面层。

柱旁

- 若柱子旁空间充裕，可将一至数盆高大盆景如垂榕、马拉巴栗、印度胶树、琴叶榕等，倚靠或环绕柱子摆放。空间若不充裕，则可选择高瘦型立式盆景。
- 柱子可包裹绿色塑料格网，放置藤本盆栽，让蔓性枝叶攀爬围绕成绿柱，适合的植物如黄金葛、星点藤、薜荔、圆叶喜林芋等。

吊盆悬挂墙面或屋顶

藤本植物较适合做成吊盆，若蔓藤枝节处发生气生根者，可种于蛇木板吊挂。此方式较不占空间，只是须注意勿吊挂于主线；另外，为求方便观赏以及安全考量，也不宜悬挂过高或过低。

倚靠家具摆放

盆栽最忌讳孤零一盆突兀摆放，除非是分量够且漂亮的优型大树，最

▲餐厅角落的澳洲鸭脚木

▲大型空间的大盆栽颇富气势

好采用群聚方式多盆组合，或是倚靠家具摆放，较有归属感。

现成的植栽箱槽

若专为盆栽而设置箱槽，可选择适当高度的植物摆放入内。

其他

室内转角或较不易处理的角落空隙或被疏忽的一角，适宜摆放盆栽点缀。

选择栽植植物原则

环境条件	每种植物适合生长的环境条件以及限制因子各有不同，主要的环境因子包括：日照、温度以及湿度，例如蕨类多需较高的空气湿度
空间尺度	依空间大小配置适合该尺度的植物
设计需求	依设计功能需求是隔间、焦点、点缀、填充畸零空间等，来选取适当植物
所能给予的养护管理	养护管理工作看似简单，实际工作繁琐，如浇水、施肥、修剪、喷药、换盆、立支架等，其中细节各有讲究。若没有太多时间养护植物，又喜欢种植植物，可以选择低养护植物
使用空间	一般居家室内的不同空间有不同需求与忌讳，如餐厅与厨房须避免有毒植物

室内植栽的空间功能

室内盆栽可提供多元化功能，包括：分隔空间、塑造室内焦点、处理畸零空间等。

◆分隔空间

利用植物形成墙面，以分隔不同的空间。分隔时须考虑下列因素：

- 空间的私密性程度。
- 视线的穿透程度。
- 实质阻隔（穿越）程度。

分隔方式可分成下列几种。

绝对隔离

分隔的空间具高度私密性，不仅无法任意穿梭，视线亦无法穿透，使身在其内的人们可以感受高度围蔽与庇护感，不受到干扰。以盆栽做为隔间的要求如下：

- 高度至少超过人们眼高（150~170厘米），除立地盆景外，亦可设计高柜，再摆置盆栽。
- 适用植物须枝叶茂密，穿透度低于5%，且分枝低，植株由底至顶均密布枝叶。但若空间够大，也可选用枝叶较稀疏的植物，多排摆放，以降低视觉穿透度。
- 适用植物须常绿性，冬天不落叶者。
- 株高150厘米以上的植物适用，如：狭叶龙血树、虹玉川七、卵叶鹅掌藤、朱蕉、竹蕉、香龙血树、孔雀木、福禄桐、垂榕、琴叶榕、马拉巴栗、黛粉叶、裂叶玲珑椰子、黄椰子、观音棕竹等。

▼视线可穿透，却达到实质分隔

半透视隔离

分隔的空间不要求绝对私密，但不得完全暴露、一览无遗，以隔间内部若隐若现为原则。对植株的需求如下：

- 高度须超过人眼。
- 所采用的植物枝叶稀疏，具部分视透性。
- 分枝高低无妨，但眼高之处必须有枝叶。
- 植物摆放间隙10~20厘米。

透视但不得穿越

此分隔空间的特点是，视线完全穿透、一览无遗，但人身不能跨越穿梭。植物需求如下：

- 整体高度不得超过眼高，最好介于75~140厘米之间。
- 盆栽植株彼此间隙不拘，只要无法任意于间隙中穿越即可。

形式隔离

视线上穿透，隔间高度也足以让人们跨越，但形式上仍具有分隔精神与象征。植株需求：

- 高度50厘米以下。
- 植株须矮小，但枝叶是否疏密倒无所谓，也可以选择蔓性植物。
- 植物可以表现成墙面的样子外，亦可以做地面层的隔离表征。
- 植株彼此间隙仍不得相隔太远，以免失去连续感及分隔效果。

其他注意事项

- 可单独利用植物来分隔室内空间，亦可以与家具配合使用。
- 订置箱柜时，须注意盆钵尺寸，深度须超过盆高5~10厘米，以免盆钵露出。
- 盛水盘绝不可省略，以防浇水时盆底洞漏流多余水分，导致木制箱柜发霉腐烂。

◆塑造室内焦点

不论是挑高大厅或局促小居室，只要精心选择植物种类与搭配，都可以塑造出集结重心、焦点、视线，且具高观赏性、强化印象的室内景观。

实行准则

可选择室内挑空大厅中央、回旋楼梯下方的畸零空间、客厅主墙面、观景窗台，甚至室内一角，经过巧思与创意，以一群植物与其他物件搭配，布置成室内空间视觉的重心，塑造景观焦点。实行准则与方法详列如下：

- 该群植物的整体尺寸、分量与色彩，必须配合所在空间的大小尺度，不要显得太局促、拥挤，或分量不足不够看。
- 植物摆置时须彼此靠接成一体。
- 植物本身应选择观赏性高、精致、干净，生长形态井然有序而不杂乱者。
- 搭配成一体的植物群，彼此间不论

质感、色彩、明暗度等须协调，且须具相似的生长环境。

- 植株高低搭配具层次感，由矮至高循序渐变，同时注意韵律性的营造。
- 除植物素材外，亦可搭配其他辅助饰景材料，如石组、竹材、石灯笼、动物塑形、小水景、竹篱、木雕、灯饰等。
- 前景植物种类多而复杂时，背景就须简单素净，以衬托前景主体。
- 植物本身最好单株分别种于盆钵内，再一起搭配，应用较具弹性。高度可用箱柜、砖块垫高来调整。
- 每一盆钵底部须放盛水盘，以备浇水时，余水不致弄湿或脏污地面。
- 整群植物的地表，应采用适当材料铺布，盆钵与水盘务必遮掩美化。地被材料的色彩、质感等，应与整体空间及植物群体搭配协调。空间广大、植物叶大质重时，地被材料可择粗质、大块、色彩厚重者，如大块的树皮。反之则采用浅色的细粒砂石、小片树皮，或丝条状木皮。
- 收边处理是最重要的最后步骤，可更突显整体造型。例如用石块堆边、粗麻绳围边、板框加边、竹篱收边等。
- 于局促狭小的空间，仅须选用一个美观的盆钵，配植数种高低不同的植物，再栽植地被，便可塑形出视觉焦点。
- 可利用大型透明玻璃、亚克力瓶箱或鱼缸，填土或使用无土栽培基质，再栽入各种搭配适宜的植物群与地表铺材，亦是相当出色的造景。

▼2010台北国际花卉博览会有许多以室内植栽塑造焦点的精彩作品

▲太平洋SOGO百货-中国台湾台北复兴馆以硕大空间营造室内植栽景观，提供消费者优质的室内环境

▼商业空间的焦点植群

▲▼新加坡机场有许多空间以多样化植物绿化的案例

▲新加坡机场有许多空间以多样化植物绿化的案例

▼商业空间的焦点植群以枯树干点缀、石组收边

▲中国台湾台北松山机场以植栽塑造空间焦点

◆畸零空间处理

室内难免有畸零空间、黑暗角落或不易利用的小空间，例如旋转楼梯下方、非直角转弯处、楼梯转折平台、缓冲空间等。若不加处理，畸零空间易显突兀，甚至破坏整体美感。最简单的方法就是利用植物，使畸零感消失或隐秘，甚至转化成别具特色、富有吸引力的空间。

楼梯下方畸零空间个案：因楼梯造型不同，楼梯下方空间也不大相同，但多数较不规整而畸零，要做到有效地利用，有时还真令设计师伤透脑筋。

- 此空间多不够明亮，最简单的方式就是选择耐阴树种，摆放一盆适当高度的立式盆栽。
- 若要景观更丰富，可按空间的高低变化，配置多层次的植栽或摆放大小不同的盆景，依序层进变化，稍具造景设计之意。
- 若光线太差，可加装人工照明补强，除选取植物时会更具弹性外，灯光也能营造气氛，更加引人注目。
- 最佳做法是改消极为积极，将此空间赋予创意设计，塑造成焦点区。

►楼梯下方畸零空间处理

小空间绿化

现代都市公寓或大厦，室内空间较狭小，但还是可以挤进一些植物，让它显得精致而充满活力。小空间绿化较不适合单独摆放一盆粗枝大叶的植物，如滴水观音或琴叶榕；亦不宜放置高大且幅宽的植物，让空间显得局促与拥挤。因此在室内小空间布置植物绿化时，选择植物要恰如其分，要让居住其间的人们感觉舒适与温馨；否则，适得其反，美化效果不佳。

◆植物选取与配置准则

对于面积不大、楼板不高，家具摆放后地面层仅余走道的室内空间，植物选取与配置可依循下列原则。

植株低矮

因楼地板空间需作为走道与转弯之用，实在不宜纳入较占空间的立地高型盆景，较适合选择低矮盆栽，放置在半高柜、壁柜与台面、桌面上。

枝叶细小

枝叶细小的小品盆景较适合小空间尺度。

景观延伸

由室内延伸至户外，或反向延伸，小空间的室内窗台、户外阳台为可利用延续的空间。

色彩宜淡雅不强烈

小型空间内的植物色彩不宜采用突出醒目者，但若居家背景、家具均是素雅色彩，则少部分植物可采用暖色调的赏花或观叶植物作为点缀，以免流于单调。

吊钵应用

吊钵较不占平面空间，当室内地面或台面上都没有空间来摆放植物时，吊钵是可利用方式。不论墙壁或天花板，都可依室内家具摆饰搭配吊钵。但天花板挂吊盆时，除须稳固，还须远离主要活动处。另切忌头顶上吊挂植物，以免碰到头。

摆放位置尽量沿墙近角落

空间小不宜再做分隔，避免空间零碎而更显窄小。植栽摆放于室内中央，若会遮挡视线及动线时，即具分切空间效果，应尽量避免。空间既小，植物盆景愈高大者，宜愈贴近墙面或塞入角落；但矮小植栽不会阻碍视线，则可远离墙面摆放。

植物种类宜单纯不复杂

居室空间愈小，摆放的植物种类应愈简单、统一化，以免除空间的壅塞杂乱。

大型盆景宜选择高瘦型

若欲摆置大型盆景，则须选择直立单干、叶片仅群簇于干顶者，如象脚丝兰，并且摆放角落或贴墙而立。

适合小空间绿化的植物

▲常春藤

▶常春藤

▶短叶虎尾兰

▼青蛙藤

适宜小空间绿化的植物

低矮者	非洲堇、大岩桐、白纹草、吊兰、短叶虎尾兰、金脉单药花、气生凤梨、红叶小凤梨、绒叶小凤梨、双色竹芋、西瓜皮椒草、银道椒草、银叶椒草、星点木等
细小者	小叶白网纹草、小红枫、密叶椒草、曲蔓天冬、文竹、细叶卷柏、银脉凤尾蕨、嫣红蔓、马齿苋树等
吊钵	小圆叶垂椒草、常春藤、翠云草、爱之蔓、珍珠吊兰、怡心草、婴儿的眼泪、乳斑垂椒草、翠玲珑、金玉菊
高瘦型	五彩竹蕉、红边竹蕉、象脚丝兰、朱蕉、香龙血树、酒瓶兰

蕨类的繁殖与栽培

蕨类是很古老的植物，远在任何显花植物出现之前（约4亿年前）就出现在地球上，而现今全世界约有上万种的蕨类，大多数生长于温热多湿处，只有少数较耐寒。我国的蕨类种数超过2500种，其中不乏著名品种，如台湾山苏花。

蕨类植物与种子植物不同，蕨类是非高等植物，不会开花，并以孢子来代替种子。蕨类叶背一群群、一团团或一条条的东西就是所谓的孢子囊群，成熟时用手一摸，手指尖上就会沾上如细粉状极其微小的孢子。像播种一样，孢子撒播于湿基质表面，发芽后就长出绿色心脏形的原叶体，一个个平贴土面，于湿润环境下，精子游动与卵结合后就会产生孢子体，也就是一般所看到的蕨类植物体，自低矮的数厘米至数米高者均有。蕨类有原叶体（又称配子体）与孢子体交互发生的现象，就叫做世代交替。

有性繁殖

孢子繁殖

虽容易获得大量植株，但耗时较久，其过程类似播种，只是孢子的个体更细微，因此播撒后无须覆土。

4 待冷凉后，取出覆纸，将孢子均匀抖落基质表面，拿一片透明玻璃或塑料布覆盖

5 高锰酸钾溶液（约4升清水放入一平匙高锰酸钾）注入盆底盛水盘，可杀死水中的有害生物，预防感染。当播种基质缺水干松时，以盆底注入方式补充水分

6 6个月后，原叶体出现

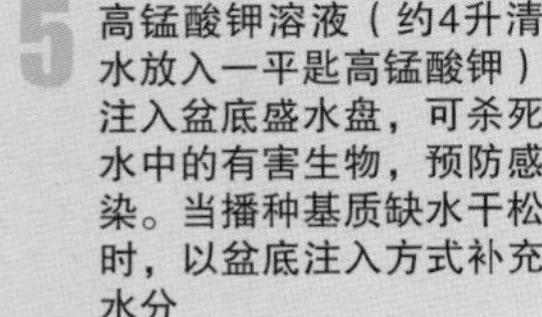

7 再过3个月，植株体已拥挤成群

8 第一次假植，将小植株分开栽种，用手指压实，使根群与土壤密贴

9 加盖以保持较高的空气湿度，而后移至冷凉稍阴处6星期

10 待苗株长高至5~10厘米，可予以定植

11 每盆种入1株，用指尖压实，使根与土壤密接

12 盆土表面用小卵石覆盖，防止浇水后土面结块

13 再2个月后即可取出植株及其土球，检查根群生长情况，若根群已长至盆钵边缘，则需换到较大盆钵

无性繁殖

分株

较常用且繁殖成活率高。依植株生长形态不同分别说明如下。

根茎冠型

适合具短缩茎地下根茎蕨类，其地上部叶群恍如自地际发生。随时间短缩根茎群会自动增生多个。可用利刃或叉铲垂直纵切，将一个个的根茎冠分开，再分别种下。例如星蕨适合分株繁殖，但需注意，并不是所有此类型蕨类都可分株繁殖。

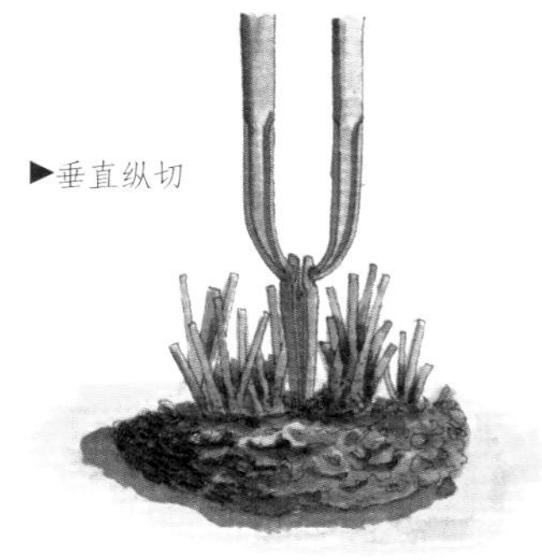

▶垂直纵切

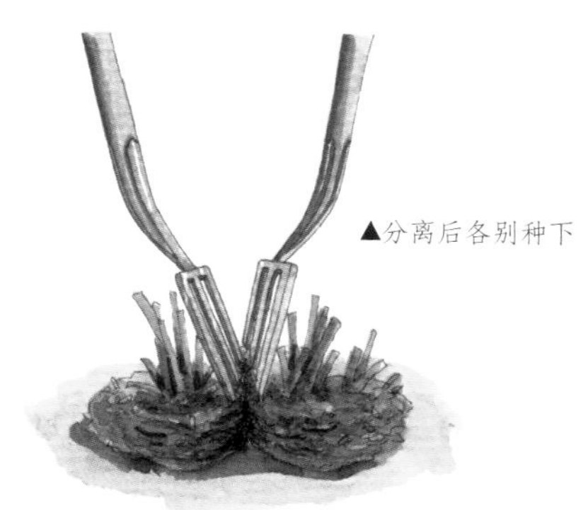

▲分离后各别种下

匍匐状根茎型

具匍匐状根茎型蕨类，其地下根茎抽伸较长而向四周蔓延，地上部会簇聚其植群。当植株够大时就可分株。将其地下根茎挖出，略加清理其地上部叶片及冗长的根群后，用利刃将根茎切断，每段至少1芽且已有根群发生。宜选植株生育旺期的春天或早夏进行，繁殖成活率较高，时间也可缩短。

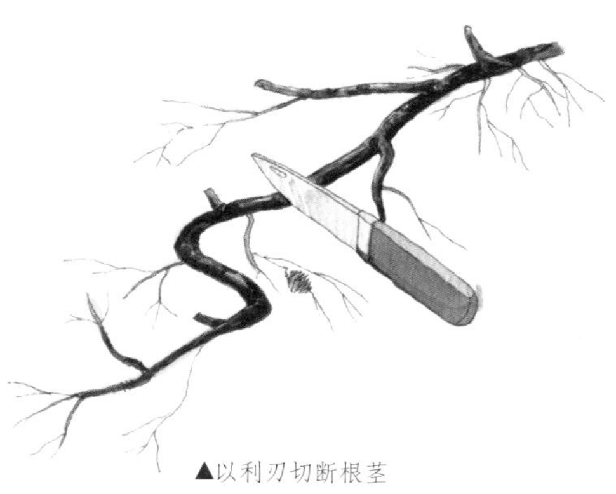

▲以利刃切断根茎

小芽或小植株

有些蕨类羽叶会自发萌生小植株或状似小球茎的小芽球，初期为无叶的小型球状个体，之后会萌发叶片，并向下生根。此类小芽球可分为两种类型：

附录

休眠状小芽球

▲小芽球

肉质块茎状，着生于叶片时多呈休眠状，不会生根长叶；成熟时会自动由叶片掉落，若外在环境合宜，很快就生根长叶；否则仍呈休眠状，休眠期可达6个月之久。

活动型小芽球或小植株

于叶片发生并萌芽，然后向上长叶向下生根，不脱离原来的叶片。至母叶老死时，多已自成一独立植株。这些小芽球可能发生的位置有下列三种。

●叶片尖端

母株叶片成熟，叶端接触地面时，可能发生小植株，向下生根后就自成独立株。因此可将其成熟羽叶的顶端与地面接触且固着，羽叶端会产生一至多个小植株，待生根长大就可切离母叶。

●叶片中肋或羽叶中轴散生

有些铁角蕨属蕨类，羽叶中肋（或中轴）会着生许多小芽球。随叶片成长而长大，当老叶烂死、在腐叶覆盖下、于温湿的环境中，小芽球渐长大并生根长叶而自成独立植株。待其小芽球够大或发育成小群时，自母叶中肋或中轴处切离种下，可自成独立植株。

●叶面各处

如东方狗脊蕨的叶面各处会着生小芽球，并相继发叶且逐渐长大。当芽球下方接触土面就会生根，待根群生长良好，再自母叶切离另行种植。

走茎

▼波士顿蕨的走茎触土而生根长叶

波士顿蕨为簇生型蕨类，会自叶群中抽出走茎，平时多悬垂空中，一旦接触土壤就会生根，并向上长新叶而自成一棵植株。

萌蘖

如桫椤科树蕨，可自茎干或根际萌蘖，即萌发小植株。于生长旺季，可将发育良好的萌蘖用利刀切下，种于吸饱水分的水苔基质钵内，用透明塑料布包裹保湿，直至长出根群，就形成一棵独立植株。

▲兔脚蕨的走茎

压条

一般压条法

如垂枝石松繁殖时，用一浅盘装粗质润湿基质（河沙或粗砂与泥炭土以3：1混合均匀），将其茎枝铺放其上，但不脱离母体。为助其生根，可用小石镇压或固定，使茎枝与土壤密接，数月后就有新生小植物。待发育完好，就可剪离母株自行生活。而海金沙则以其长长的羽叶中轴压入土中，待生根即成独立株。

空中压条

如兔脚蕨，于空气中发出长的走茎。在温暖的生长旺季，取一团吸饱水分的水苔，至少包裹一节的走茎，而后外覆透明塑料薄膜包扎紧实，8~12星期根系形成，就可剪离母株种下。

叶耳

观音座莲的羽叶柄基部两侧各具有一个肉质厚实的耳状构造为托叶（或名叶耳），春天或早夏时将老叶基的叶耳自干上切离，顶朝上平放于沙与泥炭土3：1混合的湿基质上，保持适当温度与湿度，6~12个月后就会形成一株独立植株。

块茎

肾蕨的地下部会形成圆球形的块茎，可取下另行种植，培育出枝叶及根群而另成一棵独立植株。

扦插

如垂枝石松等，可剪取其枝条顶梢5~8厘米长做插穗，横铺于基质表面，保持润湿与温暖。6~15个月就会生根长叶，形成一株独立植株，因某些石松类植物无法由孢子繁殖，此法虽冗长耗时且不一定成功，但仍可一试。

根插

某些小草，其肥厚的肉质根会萌发不定芽，可采用根插法繁殖。

栽培注意事项

光照

蕨类多不需直射且高热的强光，反射光或过滤性光较理想。日照过强易造成叶色黄化或沿叶缘发生褐斑；光照不足则植株细瘦、低矮、衰弱或软垂。需光原则如下：

1.直接日照：夏天正午及午后的高热且直接的光必须远离，但可接受清晨、傍晚或冬天低温时的直射光。

2.滤过性、反射、散射光：多数蕨类均喜好，尤其明亮处更是生长的好环境。

3.阴暗：远离窗口的阴暗处，若蕨类生长不佳时，就需人工照明补充。

浇水

多数蕨类都喜欢土壤略呈湿润状，供水要点说明如下：

1.天气干热时期，盆面表土一旦干松就须立即浇水。一般生长季节，则待土面2厘米深处土壤干松时才补充水分。若整盆土都已失水干涸，可能造成蕨类永久萎凋而难以恢复。冬天严寒时可减少浇水。

2.每次浇水后3~4天，土壤仍呈黏湿状，且闻起来有异味，或植株地上部黄化而后萎凋。可能是土壤太黏重排水不良，且又浇水过多所造成。除日后须减少浇水外，根本解决之道是换土。换土时可顺便将根群掘出，检视其根，若柔软且未干枯、失色时，可加以修根，并更换为排水较快速的栽培基质重新种下。

3.每次浇水须透彻，浇完水后1小时，水盘内余水须倒掉。

4.盛夏或酷寒时浇水须注意水温，不要与土温差异过多，否则易伤根。含氯重的自来水最好静置一日，让氯气挥发掉再浇。

5.若地上部生长茂密，则采用从上向下的淋灌方式，水分可能不易入土，应采用盆钵浸泡方式，或由盆底注水方式渗入供水。

6.植株若因缺水而萎凋时，一旦发现需立即处理，将整盆完全泡入清水中，地上部连续多次喷雾，24小时内萎垂枝叶仍未挺立恢复则不必再等待，应将其地上部萎叶一并剪除，再正常供水，可能还会重新萌发新枝叶。

7.使用素烧瓦盆种蕨类，若盆壁表面出现灰白粉质附着，可能是土壤内残留过多的肥料及盐分，可用大量清水淋洗盆土以清除之。

8.为减少盆钵表面土壤水分过度蒸发，可用细碎腐熟堆肥或腐叶、泥炭土等，堆置表土上约2.5厘米的厚度，可降低浇水次数。

9.早晨浇水，可供一天生长使用，而不要晚间浇水，尤其是寒冬。

10.叶片分裂细小者，不宜于空气湿度高时进行叶面喷雾。水滴若滞留在叶隙间，蒸发较慢时易引起叶腐。

施肥

1.蕨类喜好肥沃土壤，但对高浓度化学肥料颇敏感，易受肥害。装盆时，土壤可先加入多量腐熟的厩肥，日后再酌量以稀薄的化学肥料追肥。生长旺季之春、夏间，每2~3星期施肥一次，冬季停止供肥。

2.化学肥料采用多次、低浓度方式施用较理想，如完全肥料于土面施洒时宜采用1/4浓度。蕨类多观叶性，仅用氮肥调水稀释（1/2量），叶面喷洒效果快而明显。

3.土壤干燥时须先浇水，再施肥。

土壤与装盆

1.适合蕨类的土壤需通气、排水、保水、保肥又肥沃。2种配方适合盆栽蕨类：培养土、泥炭土、腐叶土、粗砂（或珍珠岩）按1：2：1：1混合，或培养土、腐熟堆肥、粗砂（或珍珠岩）按1：1：1混合。

2.盆底加粗砾、小石块打底，以利排水，厚度约2厘米；再铺一层厚度1~2厘米园艺用煤块，于盆底可吸收土壤内残留的多余盐分与毒气、毒物质。而后再加一层富含磷质的骨粉，较有利于根部生长，最后再填装上述配方的栽培基质，但不需填至盆顶，留下2厘米空间，浇水时让水有留存空间，以便慢慢向下渗透。

3.盆钵的选用方面，塑料盆质轻又便宜，但上釉盆的盆壁不透水、不透气，可降低土壤水分蒸发，从而减少浇水次数。而素烧瓦盆、黏土盆、粗陶盆等，具多孔性的盆壁，且质重，不适于做吊钵，又易破碎，浇水频率也须增加，但透气、排毒性佳。蛇木压制的盆钵、板或块、柱等，排水快速又可吸附水分，颇适合种植蕨类。

4.漏篮或铁丝编篮内加入水苔可用来种吊钵型蕨类。不需选用尺寸过大的盆钵，盆钵口径只需较植物根群土球大3~5厘米即可；过大，反而不利地上部生长。

病虫害

生长环境适宜、照顾得当，蕨类生长健康而强壮，较不易受病虫害侵扰。但浇水过量，土壤排水不良，空气停滞不流通、温度过低或湿度太高、太干燥等状况，蕨类较易感染病虫害，常见病虫害如下：

1.介壳虫：小型吸汁性害虫，尚未形成介壳的幼虫可喷一般杀虫剂接触而杀死，但已形成介壳的成虫则可用海绵蘸外用酒精擦拭去除。

2.红蜘蛛：空气干燥室内容易感染，可喷杀虫剂或提高空气湿度。

3.蚜虫：小型吸汁性昆虫，用肥皂屑泡水喷杀。

4.蕨类对杀虫、杀菌的化学药剂颇敏感，铁线蕨易受药害，原则上尽量减少使用药剂。万不得已时，则先用酒精或肥皂水处理，严重感染时，可采用修剪方式去除感染部位。

修剪更新、换盆

春天将枯死的羽叶或走茎剪除，生长过于繁茂可进行换盆，挖起的蕨类最好尽快种植，放置未种前须注意保湿，以免根系干透植株不易恢复。

空气湿度

庭院、荒野或山区、岩壁许多阴湿处，很多植物无法立足之处，却自然生长着蕨类，弯垂细小的叶片更显优美。至于室内观叶植物，蕨类更是相当受欢迎的一群。只是许多优美的蕨类，叶片嫩绿繁茂时，由花市兴致勃勃地带回家，不多久叶片就枯萎掉落而日渐丑陋。一般而论，蕨类较其他室内观叶植物养护更加不易，室内不适最大主因在于空气湿度常嫌不足。多数蕨类都喜好高空气湿度环境，如铁线蕨。只有少数例外，如鸟巢蕨、波士顿蕨、兔脚蕨等，较适于一般居家室内。只要提高蕨类植株四周的空气湿度，就可以尝试种植各种蕨类。植物不时进行蒸发作用，若将蕨类与其他盆栽群置一起，则每株植物都可享受邻近植株叶片所蒸发出的水气，仿如置身于一高湿度的空气环境，互利共生，此植物群置为提高空气湿度的方法之一。增加空气湿度的其他方法如下。

增加空气湿度方法

1 种在玻璃容器内

整个蕨类植物体栽植于透明玻璃器皿内，叶片蒸发作用所放出的水蒸气，遇到瓶壁跑不出去而弥漫于叶片四周，就提高了空气湿度

2 水盘上摆植物

选用一个较盆钵口径大的浅盘，内铺小卵石或发泡炼石，而后注入清水，水位不可高过小石子。蕨类盆钵再置放其上，水盘中的水不停地蒸发水蒸气，使盆钵四周局部环境有较高的空气湿度

3 套盆

原盆钵外再套加一较大口径的盆钵，二者之间填入保水性基质，如水苔，常浇水吸饱水分，就可自然蒸发出水蒸气，散溢在植物四周

4 喷雾于叶群四周

以喷雾器，内装清水，或加入极少量的氮肥，一日数次喷雾水于蕨类叶群四周，以增加空气湿度

水栽盆景进入室内

水栽瓶景很简单，只需找一个瓶钵，放入植物，倒入清水便告完成。近年来，水栽容器多样化，亦促进植物水栽的发展。水栽盆景进入室内优点特色颇多，并不比植物土栽逊色，不妨找个漂亮的玻璃容器，试试水栽瓶景。

◆优点

清洁、无菌、无毒、无污染。使用清水与无土栽培基质，少了土壤的脏污，也不用担心尘土飞扬，颇适合室内环境。

可限制植物生长

因水栽仅偶尔施加速效性肥料，且水中的养分及氧气不如土栽者充足，限制了植物的生长。所以，水栽者生长多较缓慢，且株型精致小巧许多。

管理养护容易

植物种在水里，因生长缓慢，较不需修剪，只需注意清水补充及更换，或偶尔加些肥料，而容器数月清理一次即可。养护颇轻松容易，对忙碌的都市人而言再适合不过。

◆适用植物

并不是所有的植物都适合水瓶插养，适用者多是比较容易在水中生根，植株的茎干或叶肉较粗肥可以贮藏养分，即使水插不外加肥料，亦可利用贮存于体内的养分供应自身持续地维系生命。水插者也不适合太大型的植物，否则植株太重，轻型基质的支撑力会不足。适用的植物种类如下。

天南星科

圆叶喜林芋、星点藤、合果芋、拎树藤等蔓性者，以及植株形态直立性者如粗肋草。

◀黄金葛水插可限制其生长

▶黄金葛水插容易养护

▶黄金葛与万年竹水插瓶景

龙舌兰科

许多竹蕉类颇适合水插，如黄边短叶竹蕉、五彩竹蕉、星点木、香龙血树、狭叶龙血树、密叶竹蕉、万年竹、百合竹、绿叶竹蕉、朱蕉等。

鸭跖草科

如银线水竹草、斑马草、绿叶福水竹、翠玲珑、花叶水竹草等水插都易生根。

棕榈科

袖珍椰子、鱼尾椰子。

其他

百合科的白纹草，各种椒草等，以及球根花卉（如水仙）。

◆植物水栽处理

蔓性者

由母株茎梢剪取长度5~25厘米长的插穗，最好全部剪取茎梢部分，形态较美观。插穗长度依植株叶片大小而异，小型者（如翠玲珑或婴儿的眼泪）枝条须短小，因为节间数目超过6节以上的枝条，水插较不易生根，会导致叶片失水萎垂。将插穗茎枝下部会浸水的叶片摘除，可先插在清水瓶中，有些速生植物水插后2~3天，即可隐约见嫩根自茎节处钻出，待根群发育一段时间，再予以定瓶处理。

直立性

如朱蕉、竹蕉类，生长多年的茎枝下部叶片易脱落殆尽，此时可剪下茎梢，将下部秃干部分插入水中，待其生根。而香龙血树，可将生长多年，茎干直径至少6~7厘米的植株进行水插，取茎干切截成长度15~20厘米，待截断面切口阴干后，涂布杀菌剂再水插。

种于盆钵者

原本种在盆钵土壤者，将植物自盆钵中取出，根群会带着土团，不必急于一时清除土壤，可将根群与土球一起浸泡在清水中一段时间，再自水中提起植物，而后将根群在水龙头下淋洗，就很容易把根群四周的泥土清除干净。再将过长或枯死的根群修剪整理一番，泡于清水中等待水插。

裸根植物

自花市直接买回的裸根植物，应尽快浸泡于清水中，让根群及早活化恢复吸水功能，将会快速发生新根毛及根群。

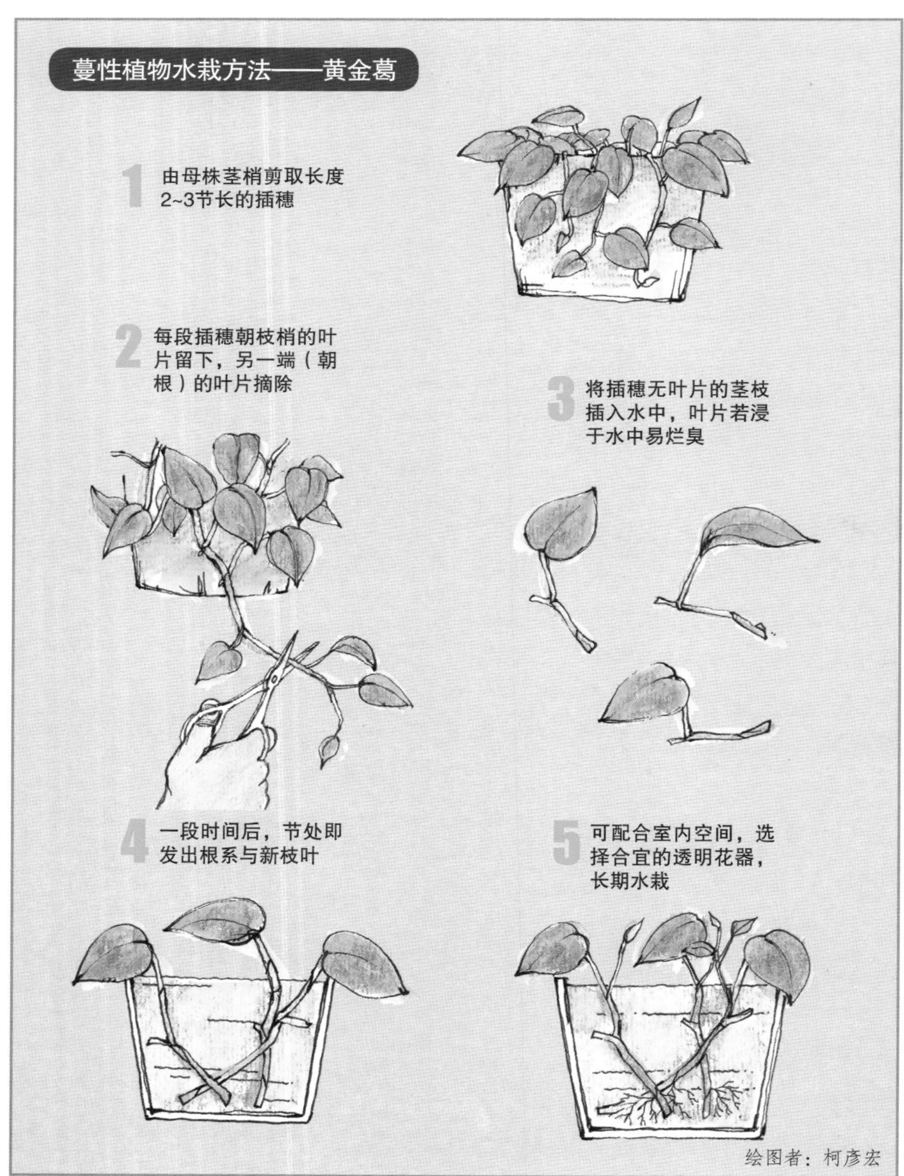

种于盆钵的水栽处理——黄边短叶竹蕉

1 选择一盆健康的植株

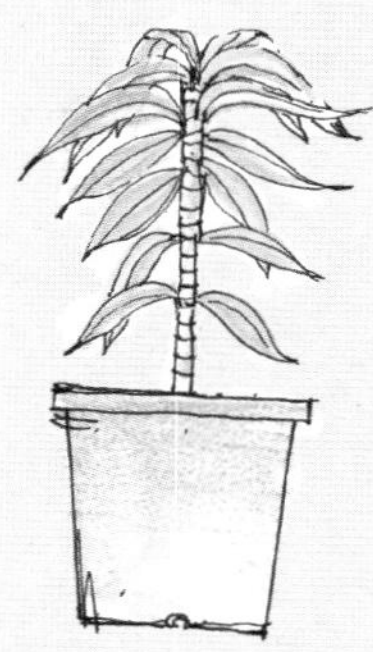

2 掘出后，于水龙头下将土壤完全冲净去除

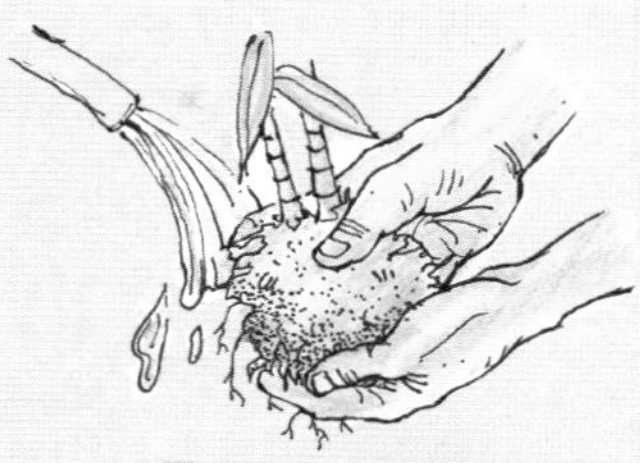

3 将枯死或冗长根群修剪整理后，泡在清水中一段时间

4 准备玻璃容器与发泡炼石

5 将植株放在中央

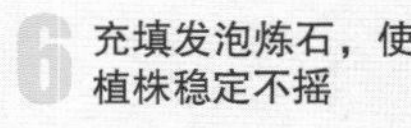

6 充填发泡炼石，使植株稳定不摇

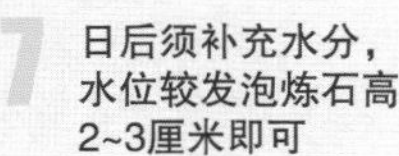

7 日后须补充水分，水位较发泡炼石高2~3厘米即可

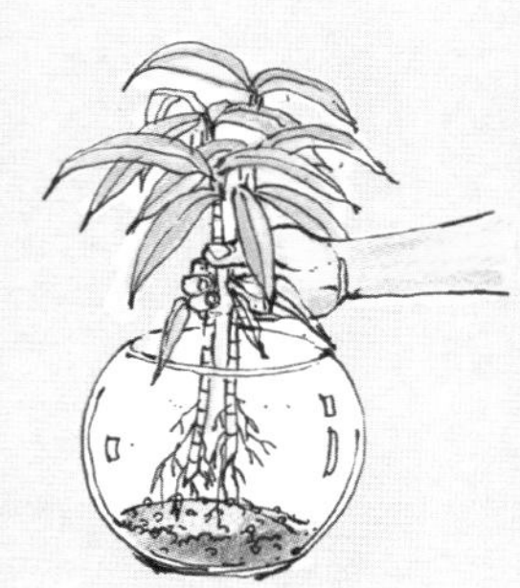

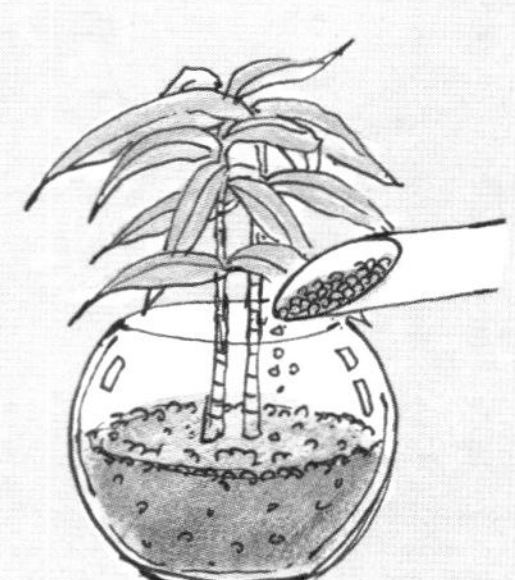

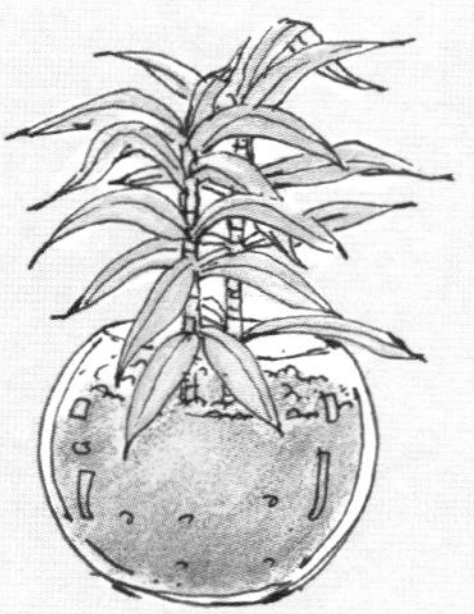

绘图者：柯彦宏

养护管理

◆盆栽植物生长检测流程

新植物进入 → 适应新环境 → 不适征兆出现 → 帮助植物适应新环境 → 出现适应新环境的征兆 → 给予植物最适合的生长环境

请教有经验人士或查阅相关资料书籍，以明了该植物的生长习性、生育环境与养护管理需求 → 给予植物最适合的生长环境

给予植物最适合的生长环境：

- 生长很好 → 浇水、施肥，修剪、摘心、除蕾，换盆更新，立支架，喷药，繁殖
- 暂时性休眠 → 夏眠、冬眠 → 休眠征兆出现 → 给予休眠中植物应有的照顾
- 完全不适合此处的环境条件 → 迟早要死亡
- 出现问题
  - 植物死亡 → 养护失当、环境不适、生理正常现象
  - 生长不良
    - 环境失调
      - 光：太强❶、不足❷
      - 温度：热害❸、寒伤❹
      - 风：风速过大❺、通风不良❻、冷气吹袭❼
      - 空气湿度：太干燥❽、太潮湿❾
      - 其他
      - 病虫害❿
    - 养护不当
      - 病虫害❿
      - 供水：过多⓫、不足⓬
      - 施肥：过多⓭、不足⓮
      - 其他⓯⓰⓱

◆环境适应不良征兆

❶ **阳光太强：**叶片黄化、枯焦，叶缘红褐化。

❷ **阳光太暗：**茎细长、节间拉长的徒长现象，叶色黯淡灰暗，落叶，叶片变大；斑叶植物的叶色转为绿色，斑色不明显。叶片扭曲、朝向光源方向；不开花、落蕾。

❸ **温度高热：**叶片失水、卷曲。

❹ **温度低：**叶片冻伤、叶片褐变、红化、掉落。

❺ **风速太强：**因置于高楼阳台，起大风时，叶片风干脱水、枯干状。

❻ **空气太滞闷：**叶面滴水长久不蒸发，叶片水渍腐烂，病虫害严重。

❼ **冷风吹袭：**叶缘褐化。

❽ **空气太干燥：**叶片缺水不鲜嫩、枯萎卷曲。

❾ **空气太潮湿：**叶面出现灰白霉块。

◆养护不周征兆

❿ **病虫害严重：**枝叶脏污、卷曲、变形，甚至死亡。

⓫ **土壤过湿：**下叶黄化萎垂，根、茎、叶水腐状，叶、花、芽早落，植株死亡；绿色黏质物或青苔出现于瓦盆表面。

⓬ **土壤缺水：**新叶小，叶色暗沉，叶与花茎软垂枯萎，叶、花、芽掉落，甚至死亡。

⓭ **施肥过多：**新生茎枝变得瘦长。瓦盆表面有白灰状物，是多余矿物质自土壤析出至盆壁表面。

⓮ **缺肥：**叶片黄化，尤其老叶转黄，花茎软垂。

⓯ **未及时修剪更新：**植株老化衰败，下枝无叶的高脚状，株型丑陋。

⓰ **未摘心：**枝叶稀疏，植株不丛茂，花朵不多。

⓱ **杂草丛生：**景观不佳，且杂草会与植物竞争养分。

◆清洁

- **水管冲洗：**清洁植株时，可将盆栽移至浴室或阳台，以水管由上向下冲洗叶片与枝条，除去灰尘与虫害；对于大型盆栽、叶片硕大光滑者，此法较方便。
- **气喷筒：**用气喷筒喷叶片，以去除灰尘。
- **湿布擦拭：**叶面平滑、革质的大叶片植物，可用湿布或海绵蘸水擦拭叶面。
- **肥皂水：**用稀释的肥皂水擦拭叶面脏污处。
- **软毛刷：**叶面富茸毛的植物，如大岩桐或非洲堇，用柔软的刷子清除叶面灰尘与脏污。
- **浸水：**小型盆景的枝叶无茸毛者，可用整个手掌覆盖土面，将盆栽倒置浸入清水中，轻轻摇晃数秒后移出水面，自然风干即可。
- **剪除：**叶面或叶端出现枯焦萎黄斑块，因无法复原，只能剪除。

◆换盆

盆栽植物生长久了，根系会从盆钵下的排水孔长出来，此时必须进行换盆，程序如下。

步骤1： 将植物自盆钵全部移出。

- 若自盆钵移出困难，可先将盆钵完全泡在水中，待土壤湿软后，较易移出植物。
- 小型盆景可将整个手掌覆盖盆栽土面，并用手指夹住植物茎干，将盆钵倒置，并轻敲盆壁数次。另一手握盆，两手以不同方向用力，直至植物自盆钵分离。
- 大型盆景可用长钝刀或竹片插入盆壁，沿边缘将根球土与盆壁切离。再将盆栽平放地面，用一木块敲击盆壁，另一手慢慢旋转盆钵，试着将植物移出盆钵。
- 若一切尝试都无法移出植物，且盆钵已破旧、不准备再利用，可采用破坏盆钵的方式移出植物。
- 若根系已长至根球外围，且缠绕复杂时，可先将根球外围及下方的根切除部分，或剪除较长及腐烂的根系。

步骤2： 准备大一号盆钵，排水口铺无纺布，可漏水却不渗土，填入一层富含有机肥的疏松、排水快速的土壤后，再放入修根后的植株。

步骤3： 在根球与新盆壁间的空隙填入新土压实。

步骤4： 换盆完成的盆钵完全浸入大水桶中浸泡，直至不再冒泡时取出，沥干水分后即可定位。

◆施肥

- 液体叶肥：可直接于叶面喷雾。
- 液肥：浇于土面。
- 缓效性的颗粒肥料：用小木棒沿盆壁压入土壤内，较不会伤根。
- 缓效性条状肥：插入盆壁边缘，以免伤根。
- 粉状速效性肥：极少量疏撒于土面远离根处，再少量浇水。

◆浇水

盆栽植物的根群都限制于盆土内，因此人为养护妥善与否，影响极大。尤其以浇水最为重要，因为盆栽植物死亡最大原因常是不恰当浇水，而“浇水过于殷勤、浇水过量”比“浇水不足”更易导致植物死亡。因为植物根群除了自土壤吸取水分及矿质营养成分外，还得呼吸、吸收氧气，当排水不良、土壤空隙全被水分占满、缺乏氧气时，植物的根系无法呼吸，只有窒息、腐烂死亡。

但浇水不足，植物会发生萎垂现象，一发现立即将整个盆钵浸入水盆中，让土壤充分吸水，再移放阴凉无风处，多数植物会恢复原状。

浇水的影响因子及处理方法

- **植物种类**

例如多肉植物：仙人掌科、景天科或球根花卉、具肉质茎的观叶植物等，因本身粗肥茎、叶或根，保水能力强，故耐旱性高，根群切忌泡在湿泥土壤中。而蕨类多喜好稍润湿的土壤，却忌讳土壤完全失水。对于各种植物的需水多寡，除经验外，可查阅植物相关栽培资料，以提供适当的浇水量与频率。

- **光照**

盆栽植物放置于光照强、日照良好处，盆土水分蒸发作用大，失水较快；若放置阴暗无风角落的盆钵，一星期浇水一次就已足够。

- **温度**

温度高的夏天，水分失散快速，浇水需殷勤。冬日温度低，浇水太多易导致土壤潮湿，而植物易因湿寒效应而冻伤冻死。冬日，植物若有休眠现象，需水量降低，更忌讳浇水太多。

- **空气湿度**

空气较潮湿的场所或天气，植物叶片的水分蒸发作用及土壤水分的蒸发作用都受到抑制，此时，可减少水分补充；在干燥的空气环境下，则须注意补充水分。

- **风**

起风的日子，种植于风口处的植物，或置放于高楼大厦阳台或顶楼的植物，风大水分失散快，若不及时补充水分，植物很容易在短时间内失水、脱水而萎垂，不可不注意。

- **土壤质地**

盆栽若使用保水性良好的栽培基质，如水苔、蛭石、泥炭土等，可减少浇水次数；但若使用保水性差的砂砾，就需经常补充水分。

- **盆钵种类、大小、材料**

深盆钵因容土量大，土壤水分蒸发耗尽所费时间较长久，浅钵则须勤于补充水分。塑料盆、上釉盆较不易失水，而瓦盆透气好，散失水分也较多。盆钵口径大比口径小者较快失散水分，浇水须勤快些。另外，可于盆土表面铺满保水基质或种植地被植物，亦可降低土壤水分失散。

- **植物生长期**

植物生长旺季，须吸收较大量的水分，因此须勤于供水；休眠期则尽量减少水分供应。

- **植株大小**

大株植物吸收及蒸发的水量多，故须多补充水分，小巧精致植物的需水量则要少很多。

何时需浇水

有一简单正确的检测方法，就是用手指探入盆栽土面之下，直接触摸盆土，若表土已干松时，可立即彻底浇水；若食指黏附土壤，暂时不必浇水。若触感不敏锐、不确定而有疑惑时，可以捏出一些表土，仔细观察并触摸后再做决定。

依植物需水类型适时浇水

- **润湿型**

这类植物如蕨类、苔藓类的铁线蕨、波士顿蕨、纽扣蕨、翠云草及非洲堇等，喜好生长的栽培基质需经常呈润湿状，保有水气，却不是烂泥状。当用指头触摸土壤表面，一旦呈干燥感时，即可补充水分；若土壤已至完全干涸失水，极易导致植株萎垂，此时补救就不易了。

- **稍润湿型**

多数的室内盆栽植物属于此类，如毛蛤蟆草，耐旱力不高，却又不喜好润湿基质。浇水的适当时机，是用手指探入表土下一指节（2~3厘米）深度，基质呈干松状时即可浇水。

- **稍耐旱型**

胡椒科各种椒草，天南星科的黛粉叶、喜林芋、龟背竹，龙舌兰科的竹蕉以及天竺葵等，略具耐旱力，当用手指深入表土下3厘米以上均呈干松状时，再浇水即可。

- **耐旱型**

多肉植物，如仙人掌、长寿花、串珠草、石莲、风车草等，待盆土全干时，迅速补充水分都还来得及。

浇水原则

- 浇水原则是少次多量，每次浇水均须浇透，意即盆钵内每一寸土壤都有水淋浇过，并至盆钵底有水流出。然后等待下一次的浇水适当时机到来，再予以彻底浇水。切忌每天或经常不断地给一点水，那一点水每次只浇淋到土壤表面，盆底可能一直没有水，如此浇水不足，再加上浇水不均，植物根群为了吸收水分，只能浅生于表土附近，根群发展会受阻，植物的地上部也会受影响。

- 每次彻底浇水可清除盆土内所蓄积来自施肥的有害盐类，每次浇水过后，自盆钵底洞排出的水，切勿再浇淋至别株植物，盛水浅盘内蓄留的水也须及早倒掉。
- 若每次浇水，水分很快就从盆钵底洞流出来，可能是盆钵土球与盆钵间有缝隙，或盆钵土球内有大孔洞或裂缝。如此一来，浇的水并未深入土壤各处，而是快速沿孔隙流失，浇下再多的水对盆土也无益。若有此现象，应立即将此缝隙填补，或将植物取出，再重新填土装盆。

◆浇水方法

一般浇水

使用塑料皮管或接喷雾头来直接浇水，若盆栽只有枝叶时，可自植株上部淋洒，借浇水过程，顺便将植株外表清洗一番。如此浇水后，仍须在盆土面再直接浇水，以免土壤受水量不够。但盆栽花朵盛开之时，最好不要让水分碰触到花朵，花朵沾水会降低开花时间，只适合直接将水浇洒到盆土。

浸泡

第二个浇水方法是浸泡。所谓浸泡方式，就是把盆栽植物的盆钵部分整个浸入装满了水的大盆内，水位高度不得超过盆顶，以免土壤流出。让水充分浸透盆钵内土壤的每一孔隙。此时因水分进入，会看见气泡被挤出的现象，如此浸泡直至不再产生气泡时，即完成了盆栽浸泡浇水。此后可将盆栽取出，待土壤孔隙中的重力水流尽后，再移放适当位置。

若用盆盘接水，则在盆土水分不再溢流后，将盆盘内留接的水分倒掉，否则植物的根就等于一直泡在水中，长久之后根易腐烂。

用蛇木板种植的植物，如麋角蕨，为浇水透彻，可将蛇木板整个浸入水中，浸泡数分钟后再拿出来，此方式效果最好。吊盆植物亦可用浸泡方式浇水。

近日流行一些小品盆栽，其盆钵小巧，盛土浅薄，土面高凸盆顶，或土壤表面铺满苔藓植物等，此种状况由以上浇灌方式来浇水，常见水顺斜坡流失，不易浸入土壤内层，因此用浸泡方式浇水较理想。

另外，盛花中的植物，若由植物上部补充水分担心会淋湿花朵时，也可用浸泡方式浇水。

盆底浇水

至于一些根系对水相当敏感的植物，如秋海棠科有些具有肉质根茎的植物，常因土面水分稍多而导致肉质根茎腐烂。除了使用的盆栽基质必须排水良好外，浇水亦可采自盆底浸水的方式，于盆钵底加一盛水浅盘，内注入清水，让水自盆钵底洞进入，借毛细作用上升并扩散到土壤各部分。此方式浇水，盆钵表土的水分含量不致过高，可免根茎腐烂。

土面浇水

叶面有茸毛的植物，如非洲堇，或叶片极细小又茂密的植物，如密叶波士顿蕨，浇水时叶片最好不要沾到水，以免叶片间细隙内的水珠因长久不蒸发，而造成水珠四周叶片水烂，或造成水滞斑。最好采用土面供水，水直接浇至盆土表面。当植物盛花期间，亦可采取土面浇水。

蛇木柱浇水

立式盆栽中央有蛇木柱，供蔓性植物节处的气生根贴附生长，浇水时不仅土面需浇水，也需自蛇木柱顶部浇水，使蛇木柱不致干枯，让气生根可自蛇木柱吸收水分。

◆植物缺水时的处理

忘记浇水，发现植物因失水而萎垂时，可用刀子小心地将非常干燥的土面挖松，但不可伤根，再将植株连盆完全浸泡水桶中，并喷雾于地上部。待盆钵在水桶中不再冒泡，即可取出，静待恢复。若经1~2天仍未复原，可将地上部剪除，持续浇水，等待其萌发新嫩芽。

◆制造较高的空气湿度

一般盆栽放置室内，多嫌空气湿度不够，原本水嫩的叶片会逐渐失去润泽，可用下列方法，提供盆栽植物较喜好的潮湿空气。

• 喷雾

利用手执喷雾器，经常在植物体四周喷洒细雾水，以提高植物体附近的空气湿度，但在很干燥的室内，此方法可维持的时效有限，须经常施行；或购买加湿器、自动喷细雾水。

• 群置

植物体的叶片不间断地进行蒸发作用，自身就是一个空气湿度制造者，室内干燥时，叶片的蒸发速率加快，反之则减低。单株植物本身只消耗蒸发的水分，但植物群置时，可因蒸发作用而使其四周邻近的空间形成较高的微空气湿度环境。这也可视为共生下的互利现象。因此，盆钵最好不要一个一个零星散置，组合群置方式较有利于植物生长。

- **水盘上摆植物**

  选用一个较盆钵口径稍大的浅盘，内铺小卵石或发泡炼石，并注入清水，水位不可高过小石子，盆钵置放其上，水盘中的水会持续不停地散发水蒸气，使盆钵四周局部环境有较高的空气湿度。

- **套盆**

  原盆钵外再套加一较大口径的盆，二者之间填入保水性基质，如水苔，并让它经常吸饱水分，就可自然蒸发出水蒸气，散溢于植物四周。

- **水苔包盆**

  用水苔将植物整个土球包裹成吊篮，并定期喷雾水于其外部，隔一段时间可将整个吊篮浸入水中，让水苔充分吸饱水分。

- **放置高湿度环境**

  利用鱼缸摆放盆栽，上方半罩透明玻璃，如同一个小型温室，营造高湿空气，供其内盆栽所需。

◆其他

水温

热带植物对水温相当敏感，寒冷天气除浇水量须减少外，水温亦须注意，过于冷凉的水浇淋，不仅伤根，

▲台北松山机场植物群置互利共生

亦会伤及地上部叶片，不可不慎。浇用的水温以接近土温为原则，盛夏中午虽非浇水适当时机，只要水温不过热，浇水也不致危及植物；在水龙头打开之际，软管先流出的水可能很烫，待流水的温度正常后再用来浇水，就不会出现问题。

水质

- 使用软水，不得用硬水。
- 时间：浇水以上午较适宜，白天气温高，水分散失多，于一日之始浇水，植物可慢慢吸收利用。傍晚时分浇水，于盛夏时无妨；但冬日，尤其是寒流来袭时应避免，因夜间温度降低，蓄存于盆土内的水在湿冷之下，更易造成植物寒害。
- 盆钵或栽培容器底部无洞可排水，浇水尤须谨慎，尤其使用非透明容器时，可使用“水位指示器”来控制浇水的适当时间。

容器与无土栽培基质

室内植物多生长于容器内，容器的大小、材质与土壤种类等，会影响植物生长。塑料盆便宜、质轻易搬运；素烧瓦盆通气且透水，但盆壁易脏或长青苔，增加清洁的工作，质重且不耐摔易破裂；釉烧盆漂亮，但质重、价格较贵，多放置室内较讲究景观的空间。

◆无土栽培基质

泥炭土

多于沼泽、潮湿冷凉地区形成，北欧的芬兰及加拿大等靠近北极圈的地区生产者最优良。生成较久的色深、纤维较细，生成年代较近的色浅、质轻、通气性较好，品质优于色深者。

发泡炼石

由蒙脱石黏土矿物经740~ 760℃的高温煅烧而成。褐色、圆球形、表面非圆滑，具有多数孔隙，粒径0.2~1.0厘米。质硬，不易破损，可重复使用。排水快，保水、保肥力尚可。不含病虫害或草籽，比重约17千克/米^3。不会产生物理、化学与生物变化。性质稳定不分解，能抗紧压。经高温处理故清洁无菌、无毒、无杂草种子，无杂异物。美观，但价格较高。

水苔

呈浅黄褐色至褐色，多来自水藓属（*Sphagnum*）或立灰藓（*Hypnum*

◀粗发泡炼石

▼泥炭土

▼水苔

▲粗蛭石

▲珍珠岩

moss）。pH3~4。保肥及保水力很强，可保存其体积60%或干重10~20倍的水分。可购买已经调好pH值近中性者。

蛭石

由类云母的硅酸盐矿物，经760~1000℃的高温加热，膨胀为无数互相平行的薄片，原石主要来自美国与非洲。金属色，片层状，薄片间可保存水分、养分。

因表面有无数负电荷，阳离子交换能力高，保肥力极佳，保水且排水。pH7~9，使用前须多加磷肥或调整至近中性。经高温处理而清洁无菌、无毒、无杂草种子，无杂异物。质轻（112~160千克/米^3），使用时因固持力不足，不宜单独使用。

初次使用通气佳，但因结构疏松，易受外力破坏而变细碎，降低其通气性，故不宜与土壤、沙等硬性基质共用。亦不宜重复多次使用，适于短期（3~4个月）盆栽，是极佳的播种基质。

珍珠岩

原石的产地是日本与希腊，市售珍珠岩由进口原石加工处理而成。硅酸铝火山岩原石先经粉碎，再经760~982℃高温，使粒子内水分变成水蒸气，膨胀成白色小球，并且有无数封闭而充满空气的小室，质轻可浮于水面。

本身并不会吸水，但水分可附着于颗粒表面，可携带本身重量3~4倍的水分。pH7.0~7.5，近中性。不引起化学变化，不具缓冲力，无阳离子交换能力，不影响基质的酸碱度，品质一致。无病虫害，不腐化或分解，但与土壤混合亦会擦破变碎。极轻，仅96~128千克/米^3，混加时可增加基质的通气性，潮湿时易与其他基质混合均匀。

保水、排水、保肥力极佳，初次使用通气佳。经高温处理而清洁无菌、无毒、无杂草种子，无杂异物。使用时因固持力不足，不宜单独使用。用于观叶植物栽培时，其内所含的钠、铝及一些可溶性氟，可能会伤害叶片，使用前应以大量水充分淋洗去除。

稻壳

为农产品废弃物，价廉、质轻，排水性与通气性均佳，且不会影响基质的pH值，可溶性盐类或肥分低，不易分解。对改善黏重土壤的通气性有极佳的效果。使用时因蒸汽消毒过程中会释出锰而危害植物，须注意。

使用前须半腐熟化，以除去病害。碳氮比高，使用时应加施10%氮肥。拌入量应少于基质总体积的25%。若拌入经炭化的稻壳时，就无需增加氮肥的用量。若炭化过度会造成颗粒粉碎，添加拌入则无法改善基质的通气性。

▼稻壳

甘蔗渣

为农产品废弃物，具有高度保水力，含糖量高。碳氮比高，分解快速，用于容器栽培常造成基质的通气不良与体积缩小，仅限于短期栽培时使用。完全腐熟的甘蔗渣，使用量占基质总体积的20%以下，并须多施氮肥。

蛇木屑

桫椤科的植物都是多年生、乔木状的蕨类，茎直立，外表常被有缠结坚固的不定根，取下这些不定根分离或细碎以后，称为蛇木屑，是种植兰花的重要基质。

蛇木屑质轻、干净、色黑，质地有粗有细。质地粗者排水过于快速，通气性极佳，仅适于气根性植物栽培使用。质地细碎者，可与其他基质混用，做一般植物栽培使用。

较少单独使用，混加其他质重的基质，可增进通气与排水。可重复使

▼甘蔗渣

▼蛇木屑

无土栽培基质比较

清洁无菌无杂质	极高温制成：例如珍珠岩、蛭石、发泡炼石与蓄水晶粒等	自然素材：来自地底深处的泥炭土，以及来自植物本体的蛇木、椰壳与水苔等
pH值	酸性：水苔与泥炭土	碱性：蛭石
质量	质轻：珍珠岩、蛭石与稻壳等	质重：发泡炼石
质地	硬，不易变形，可重复使用：发泡炼石、粗蛇木屑与蓄水晶粒	易碎，不可重复使用：蛭石、珍珠岩
吸水力	强且持久：水苔与蓄水晶粒	差且排水快速：稻壳与蛇木屑
保肥力	强者：蛭石、水苔与发泡炼石	弱者：珍珠岩、蛇木屑与稻壳
通气性	佳：蛇木屑、水苔、珍珠岩、蛭石、稻壳与发泡炼石	差：炭化稻壳
价格	废弃物价廉：稻壳与甘蔗渣等	价格高：发泡炼石

用，常压制成多种形状，如蛇木板、蛇木柱等，适于气生根发达植物附生。

蓄水晶粒

蓄水晶粒也称蓄水胶粒、宝力满，在干旱地区，如荒漠之地，为解决长期缺水而发明的产品，主要用途可增加砂土的保水力，长时间绿化使用，可使蛮荒的沙漠变成绿洲。在沙漠地区的砂土中混加此物，一次大雨后或人工充分浇灌后，可以大量的吸饱水分，减少水分的流失，所吸收的水分可长时间慢慢供植物的根群吸收利用，使荒漠中的植物可以借一年少次的降水而存活。

蓄水晶粒为天然或人工合成的超

▼白色如水晶般的蓄水晶粒

吸水性、高分子聚合物（super-absorbent polymers），如淀粉、聚乙烯醇、聚丙烯酰胺。干燥时呈白色细粉状，充分吸水后可膨胀为原体积的30~40倍或原重量的数百倍，吸水力极强，即保水力极强。

吸水后呈柔软、透明的果胶状，所吸收的大量水分不会因挤压而流失，吸水后的胶粒亦不易破碎。中性、无毒、不含肥分、稳定。与土壤混用时，借胶粒体积膨大而呈团粒大小，可增加土壤空隙及离子交换表面，改善土壤质地。容器栽培时可显著地增加盆土的保水力，减少浇水次数，生长其中的植株在缓和的水量变化下，可提高品质与产量。此基质亦适用于播种与扦插。

◆选择原则

良好的盆栽基质是由多种基质混合而成的，其物理、化学性质较单独一种使用为佳。选择时要考虑操作方便、价格便宜、性质一致、无毒性、质地轻、阳离子交换能力高、通气性佳、保水力强、适当的碳氮比与pH值以及耐冲击等。

一般住家于屋顶、阳台或地下停车场的地面层种植物时，应考虑荷重问题，宜采用质轻的基质。

为了利于排水，盆栽最下层放发泡炼石，再填入15~18厘米高的基质，可采用下列比例：

- 泥炭土：珍珠岩：砂质壤土=1：1：1（体积比）。
- 拌入1/3的砂质土壤，是为增加重量，且土壤中含养分，尤其是一些微量元素，不施肥或施肥不当，亦不会立即出现缺肥现象。

优质土壤取得不易时，可用河沙或无土基质。若盆栽则最好采用无土基质，如泥炭土与蛭石依体积1：l混合，可再拌入珍珠岩；干旱季节或种植需水多的植物，多不加珍珠岩；需水不多但求通气好的气生植物如兰花，则要多拌加珍珠岩与蛇木屑以利通气。故基质混合的比例，依植物种类、气候、管理方法而异。

▼椰壳

▼树皮

室内开花植物的养护

室内光线多为非直射光，并不是很明亮，但仍适合种植某些室内开花植物。例如：非洲堇、大岩桐、袋鼠花、西洋杜鹃、海角樱草等。但是，当室内的开花植物无论怎样细心照顾，就是不开花时，就得仔细对照以下要素，查清楚究竟哪个环节出了问题。

◆光照强度

对植物而言，开花非常损耗养分，较发出枝叶或维持成长，需获取更多养分，而此养分来自太阳。若没有接受足量的光与强度，开花植物就没能力绽放花朵。始终放在阴暗角落的盆栽不开花，多因光照不足所造成，此时将植物逐渐搬移至南向窗口，先补足光照强度，若仍不开花，再检查以下项目。

◆光周期效应

植物每日接受日照时数的多寡会影响开花的效应就叫光周期效应，植物依光周期效应可分为下列三大类。

• 长日照植物

例如大岩桐、扶桑、蜀葵。这类植物每日的日照时数必须超过某一定值才会开花。有些窗口只有半日照，每日的日照时数不足，这类植物就很难开花了。

• 短日照植物

例如菊、长寿花、圣诞红。这类植物每日的日照时数必须短于某一定值才会开花。有些室内空间，因室内照明导致植物每天接受日照时数过长，短日照植物就无法开花。

• 中性植物

这类植物是否开花，并不受每日的日照时数多寡所影响，只要植物长得够大、光照强度足够，就能开花。例如非洲堇、西洋杜鹃、天竺葵。

若了解植物这方面的特性，可以人为方式搬运植物至较适合的日照场所，或利用人工照明以补光或增长日照时间，或罩不透光的黑布帘以减少每日日照时数，来满足植物对光的需求。

▶长寿花为短日照植物

◆浇水

室内开花植物若浇水太勤快，土壤经常呈湿润状，较不易形成花芽。盆花若一直不开花，可减少浇水，让土壤呈干松状一段时间，但不至造成植物萎凋，将促进生殖生长。室内植物一旦花苞形成，就需大量浇水，尤其当四周的光照强且干热时，因蒸发快速，更须大量浇水，以免形成的花苞无法顺利长大并绽放。

浇水时，切忌水滴到花朵上，不但会因此降低植物开花的持续时间，水滴太大经久未挥发，花容易水烂，并引发霉菌而患病。但若由土面浇水即无此问题。

◆肥料

室内盆栽植物若施太多氮肥，较促进营养生长而抑制生殖生长，导致开花不佳。要促进开花就要多施磷肥与钾肥，而少施氮肥。买肥料时可针对植物不同时期对肥料的需要，购买N–P–K（氮–磷–钾）不同比例者。

◆修剪与整枝

当植物营养生长太过旺盛或出现徒长现象，会较难开花。解决的简易方法就是修剪，将冗枝剪去，可能引导日后朝生殖方向生长而开花。但太过频繁的修剪，或修剪时间不恰当，导致花芽无法形成，或将潜藏花芽剪去，均会影响未来开花。

◆盆钵大小

室内植物若种植在太大的盆钵内，植物会倾向先发展根部，地上部生长就会被抑制而缓慢，花苞较不易形成。待盆钵内已长满根，于盆土有限空间内，似乎已无法再进一步发展根系时，植物本身所制造的养分才开始转向地上部发展，而有机会形成花苞。

◆土壤

土壤pH值低于5，土壤呈酸性，土壤内某些可能毒害植物的离子会被植物吸收，从而有碍植物生长。土壤的pH值高于8（土壤呈碱性），土壤内的铁、锰等又会变成不溶性，无法被植物吸收利用，从而影响植物生长，也不利于开花。多数植物喜欢生长在偏中性土壤中。

◆植物本身

植物若不够成熟，还太幼嫩时，是无法开花的。另外，植物处于休眠状态时，也不会开花。植物常移植，使植物的正规生长一再受到打扰时，亦不容易开花。在花苞形成之际，需更换盆土时，只需替换表土1/3，以降低对植物生长的干扰。

长时间无法照顾植物的处理

长时间无法照顾植物时，可能面对的问题及解决办法，分项说明如下。

◆施肥

施肥并不很需要，因肥分一多，植物就长得快，对水分需求也多。一段时间未修剪整枝，植物可能已长得像杂木、杂草一般。需肥较多的植物，可于盆土中加入少量的缓效性化学肥料，其他植物以不施肥为原则。

◆修剪

株体若已生长繁茂，或具生长快速特质，可进行更新，做一次强剪，使株体变小，植物对水分以及肥料的需求也会降低。但生长缓慢的植物，不建议做任何修剪工作。

◆驯化

长时间无法照顾前一两个月，就进行驯化处理，例如减量浇水等，让植物适应一段被忽视的日子。

◆浇水与保湿

浇水是所有养护工作中最不可缺少的，只要能解决浇水问题，就可以一段时间不照顾植物。以下列举几种浇水及保湿技巧，不妨试试。

自动浇水系统

除非室内植物多，否则不建议装设自动浇水、滴灌系统。即使有此浇灌设备，在无法照顾植物前，得先做一番检查，以免出问题。

透明塑料袋套加

小盆植物可全株套袋，大盆植物不便全株套袋，只套花盆部分。如此植株蒸发与土壤蒸发的水分都集中于透明塑料袋中，植物对水分的需求会减少。

放在浴缸里

利用浴室的大浴缸，底部铺旧报纸或会吸水的毯垫，后铺上红砖，再将盆栽植物放在上面，然后将浴缸排水洞封住，注入水至砖块顶端，利用毛细作用，水分将一点一点地渗透到盆栽的土壤里。此法至少可维持一个月不浇水，直至浴缸的水全部蒸发掉。而后留积在盆土中的水分至少还可维持植物生长1~2个星期。此法较适合好潮湿的蕨类与卷柏。离开时间若更久，浴缸中的砖块可加高，水也可注入更多，维持时间就可再加长。

▼合果芋长时间无法照顾时，可浸泡于满水浴缸内

▲白蝴蝶合果芋

▲绿精灵合果芋

▲粉彩合果芋

利用吸水垫

利用两个长方钵，一个倒立，一个正立，并排放好，拿一个吸水垫由一钵铺至另一钵，在倒立的长方钵上放花盆，正立的长方钵内注入清水，借毛细作用，水分就持续地进入盆土中。少量植物可用此法。

放在洗槽里

小型的盆钵可放在厨房的水槽里，底部垫一块吸水力强的垫子，水龙头不要关很紧，让很小很小的水滴慢慢地滴在垫子上。借毛细管作用，水分就持续地进入盆土中，水槽的排水孔不要塞住，让多余的水可以流掉，适量的水滴正好供植物生长。

利用棉线

取一水桶其内装满清水，将粗棉线剪出适当长度，一头埋入花盆中，另一头垂至水桶底，借毛细管作用，水分就持续地进入盆土中，一次可处理较多植物。只要水桶中一直有水，棉线就可源源不断地供水给植物使用。若离开时间久，长期无法照顾植物，需使用较大水桶，装满水，就可以安心离开，1~2个月都没问题。

◆光照

室内朝西或朝南的窗口，光照比较强，甚至有直射光进入，光强会加速植物水分失散，因此最好拉下窗帘，或至少拉下一半，以减小光照强度。

室内常见低维护植物

◆懒人植物

若植物娇贵，对环境敏感，适应弹性差，不喜当地的风土气候、畏热怕寒，又非常依赖人们的养护照顾，难免让忙碌的现代人对植物畏惧三分，既爱又怕。所幸植物多样化，即使是想拥有绿化室内，却又没太多时间和精力去呵护植物者，只要选择适合的植物，随兴所至、可有可无的照顾方式，也能拥有一室的绿色。这类适合的植物就是所谓的低维护植物，亦称为懒人植物。其具有以下特性。

耐旱力强

茎干肉质粗肥，叶片肥厚，因自备贮水构造，具相当的耐旱力。因为耐旱，可以忍受偶尔或经常忘了浇水。也不会因盆钵土壤缺水而呈现萎凋外貌，甚至导致死亡。

生长缓慢

生长速率缓慢的，数十天如一日，即使一年也生长不了多少，可省略整理、修剪或更新工作。或采用清水瓶养方式，也能减缓生长速率。

生性强健

生性强健，生命力强，对生长环境适应弹性范围广，对养护管理工作要求不高的植物。这群植物的特色就是无论给它什么环境或照顾，都能活得很好。

需肥不多

若室内植物对肥分依赖强，一旦叶片缺肥，就会出现黄化现象；另外也有一些植物，依赖肥料不强，只需借由缓效性肥料，就终年生长得油绿可人。

室内植物若具有上述条件，栽培起来可省事得多。不容易生病或遭虫害，也不必经常费时修剪更新，浇水、施肥、喷药工作也不需十分频繁，却可以长久地提供具观赏性的外表，以下即介绍这群懒人植物。

◀马拉巴栗

◆懒人植物分科列举

天南星科

圆叶喜林芋、黄金葛、黛粉叶、粗肋草等。

龙舌兰科

星点木、彩虹竹蕉、黄边短叶竹蕉、镶边竹蕉、黄绿纹竹蕉、密叶竹蕉、银线竹蕉、酒瓶兰、朱蕉、巴西铁树、百合竹、虎尾兰、黄边虎尾兰、短叶虎尾兰、棒叶虎尾兰、象脚丝兰。

观赏凤梨

气生凤梨、红叶小凤梨、五彩凤梨、中斑红彩凤梨等。

胡椒科

本科的植物多偏肉质性，需水不多，生长缓慢，如圆叶椒草、金点椒草、红边椒草、白斑椒草、撒金椒草、三色椒草等。

五加科

孔雀木、澳洲鸭脚木、鹅掌藤、福禄桐等。

百合科

武竹、蜘蛛抱蛋、沿阶草、银纹沿阶草、吊兰、白纹草等。

▶鸟巢蕨

桑科

琴叶榕、垂榕、印度胶树等植株较高大的立地盆栽。

萝藦科

球兰、斑叶球兰、红叶球兰等。

棕榈科

袖珍椰子、竹茎椰子、观音棕竹等，耐阴性强、生长缓慢。

蕨类

雀巢羊齿、波士顿蕨、兔脚蕨是蕨类植物中较容易栽培者。

其他

马拉巴栗对环境适应力强，是室内盆栽的宠儿。

以上列出的植物，其中不乏树型优美、姿态优雅或叶色特殊者，观赏性毋庸置疑，若想轻松拥有一室翠绿，慎选植物是首要之务。

▲琴叶榕

组合盆栽

组合盆栽是指将多种生长环境类似的植物，如观叶、赏花、观果或闻香的植物，栽植于一个盆器内，让它呈现整体搭配组合的丰富美感。与单一植物相比，组合盆栽可表现多彩多姿的绚丽。较简单的方法就是将花盆放入大盆箱中，或将不同植物直接种在大盆钵中。对于居住在都市中，庭园欠缺栽种美丽花草的人们而言，可以亲自动手做，兼具设计、休闲与创意的组合盆栽，是创造个人迷你花园的最佳方式。

◆制作要点

主题

首先依据计划摆置组合盆栽的空间，如卧室、客厅、餐厅或厨房，因根据空间规格、希望营造氛围等需求，选择合适主题，使组合盆栽可以成为该空间中重要焦点或点缀。如餐厅或厨房可采用鲜菜、美果为主题的组合盆栽；客厅较讲究气氛，多朝向观赏性高的主题发展。

植栽组合原则

植物依设计原则，如线条、造型、质感、色彩等，以及平衡、对称、协调、韵律、对比、突显等原则来搭配组合，使整体呈现的效果兼具美感与创意。3种以上植物的组合安排，可采用不等边三角形方式，降低呆板感，植株组合需有主次之分。

植物材料

因栽种于同一容器，置放于同一场所，为使组合盆栽内的不同植物均可生长良好，所选择的植物其环境适应性须类似，如日照、温度、湿度以及土壤酸碱度等。因此需先了解置放地点的环境条件，再据此选择合适植物。

其他辅助材料

如竹条、朽木、铁丝、绳索、小型装饰物（如小瓢虫、蝴蝶、水浴台、中国结）等，都可以加入，只要搭配得宜，就有画龙点睛的效果。

栽培用土

可在土壤中混合其他无土栽培基质，如小石砾、蛭石、珍珠岩、椰壳屑、蛇木屑、水苔或细碎树皮等，调整土壤至适合的酸碱度，使栽培基质有较佳的透气、透水或保肥、保水性。

附录

土面处理

盆栽表土除栽植地被植物外，亦可铺布其他材料，如发泡炼石、蛭石、珍珠岩、彩色细石、木屑、蛇木屑、小石块等，绝不可让泥土裸露。

容器

依所选定的主题，选取合适的容器，如形状、色彩、质感及大小等，若市售容器过于昂贵或与主题不合，可从生活中找寻灵感自行创作，或利用废弃物，如饮料瓶、密封罐、笔筒等，再加以包装或制作。

◆其他注意要点

- 同一容器内所搭配的植物，须具有类似的环境要求。
- 自制盆器的底部需留适当的排水孔洞，底洞附近铺破瓦片，以利排水。
- 盆器本身若为吸水材质，如木材、竹片等，使用一段时间后，易因水滞斑而造成盆壁脏污，需于盆壁内衬加一层塑料袋，以免湿土直接触及盆壁。
- 组合盆栽亦可将盆钵直接放入盆箱内，再将空隙填满水苔、泥炭土或树皮，以方便日后更换新植物。

◆中国台湾台北国际花卉博览会展出的部分优秀组合盆栽

◆中国台湾台北国际花卉博览会展出的部分优秀组合盆栽

中名索引

一画

二画

三画

四画

五画

六画

七画

八画

九画

十画

十一画

十二画

十三画

十四画

十五画

十六画

十七画以上

学名索引

A

B

C

O

P

Q

R

S